과학공화국 화학법정

화학법정

10
우리 주변의
화학

과학공화국 화학법정 10

우리 주변의 화학

ⓒ 정완상, 2008

초판   1쇄 발행일 | 2008년 10월 30일
초판 20쇄 발행일 | 2022년 10월 5일

지은이 | 정완상
펴낸이 | 정은영
펴낸곳 | (주)자음과모음

출판등록 | 2001년 11월 28일 제2001-000259호
주소 | 10881 경기도 파주시 회동길 325-20
전화 | 편집부 (02)324-2347, 총무부 (02)325-6047
팩스 | 편집부 (02)324-2348, 총무부 (02)2648-1311
e-mail | jamoteen@jamobook.com

ISBN 978-89-544-1469-2 (04430)

과학공화국 화학법정

화학법정

10
우리 주변의
화학

정완상(국립 경상대학교 교수) 지음

(주)자음과모음

생활 속에서 배우는 기상천외한 과학 수업

처음 과학 법정 원고를 들고 출판사를 찾았던 때가 새삼스럽게 생각납니다. 당초 이렇게까지 장편 시리즈가 될 거라고는 상상도 못하고 단 한 권만이라도 생활 속 과학 이야기를 재미있게 담은 책을 낼 수 있었으면 하는 마음이었습니다. 그런 소박한 마음에서 출발한 '과학공화국 법정 시리즈'는 과목별 총 10편까지 50권이라는 방대한 분량으로 출간하게 되었습니다.

과학공화국! 물론 제가 만든 단어이긴 하지만 과학을 전공하고 과학을 사랑하는 한 사람으로서 너무나 멋진 이름입니다. 그리고 저는 이 공화국에서 벌어지는 많은 황당한 사건들을 과학의 여러 분야와 연결시키려는 노력을 끊임없이 하고 있습니다.

매번 여러 가지 에피소드를 만들어 내려다 보니 머리에 쥐가 날 때도 한두 번이 아니었고, 워낙 출판 일정이 빡빡하게 진행되는 관계로 힘들 때도 많았습니다. 적당한 권수에서 원고를 마칠까 하는 마음이 시시때때로 들곤 했지만 출판사에서는 이왕 시작한 시리즈인 만큼 각 과목마다 10편까지 총 50권으로 완성하자고 했고 저는 그 제안을 받아들이게 되었습니다.

많이 힘들었지만 보람은 있었습니다. 교과서 과학의 내용을 생활 속 에피소드에 녹여 저 나름대로 재판을 하면서 마치 제가 과학의 신이 된 듯 뿌듯하기도 했고, 상상의 나라인 과학공화국에서 즐거운 상상들을 펼칠 수 있어서 좋았습니다.

과학공화국 시리즈 덕분에 저는 많은 초등학생 그리고 학부모님들과 좋은 만남과 대화의 시간을 가질 수 있었습니다. 그리고 그분들이 저의 책을 재미있게 읽어 주고 과학을 점점 좋아하게 되는 모습을 지켜보며 좀 더 좋은 원고를 쓰고자 더욱 노력했습니다.

이 책을 내도록 용기와 격려를 아끼지 않은 (주)자음과모음의 강병철 사장님과 빡빡한 일정에도 좋은 시리즈를 만들기 위해서 함께 노력해 준 자음과모음의 모든 식구들, 그리고 진주에서 작업을 도와준 과학 창작 동아리 'SCICOM'의 식구들에게 감사를 드립니다.

진주에서
정완상

목차

판사

화지 변호사

케미 변호사

화학법정의 탄생

과학공화국이라고 부르는 나라가 있었다. 이 나라는 과학을 좋아
하는 사람들이 모여 살고 있었다. 과학공화국 인근에는 음악을 사랑
하는 사람들이 사는 뮤지오공화국과 미술을 사랑하는 사람들이 사는
아티오공화국, 공업을 장려하는 공업공화국 등 여러 나라가 있었다.

과학공화국 사람들은 다른 나라 사람들에 비해 과학을 좋아했지
만 과학의 범위가 넓어 물리를 좋아하는 사람이 있는가 하면 화학
을 좋아하는 사람도 있었다.

특히 과학 중에서 환경과 밀접한 관련이 있는 화학의 경우 과학공화
국의 명성에 걸맞지 않게 국민들의 수준이 그리 높은 편이 아니었다.
그래서 공업공화국 아이들과 과학공화국 아이들이 화학 시험을 치르
면 오히려 공업공화국 아이들의 점수가 더 높게 나타나기도 했다.

최근에는 과학공화국 전체에 인터넷이 급속도로 퍼지면서 게임
에 중독된 아이들의 화학 실력이 기준 이하로 떨어졌다. 그것은 아

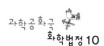

이들이 학습보다는 게임을 하면서 시간을 보내거나 직접 실험을 하지 않고 인터넷을 통해 모의 실험을 하기 때문이었다. 그러다 보니 화학 과외나 학원이 성행하게 되었고, 아이들에게 엉터리 내용을 가르치는 무자격 교사들도 우후죽순 나타나기 시작했다.

화학은 일상생활의 곳곳에서 만나게 되는데 과학공화국 국민들의 화학에 대한 이해가 떨어지면서 여기저기서 분쟁이 끊이지 않았다. 마침내 과학공화국의 박과학 대통령은 장관들과 이 문제를 논의하기 위해 회의를 열었다.

"최근의 화학 분쟁들을 어떻게 처리하면 좋겠소?"

대통령이 힘없이 말을 꺼냈다.

"헌법에 화학 부분을 추가하면 어떨까요?"

법무부 장관이 자신 있게 말했다.

"좀 약하지 않을까?"

대통령이 못마땅한 듯이 대답했다.

"그럼 화학으로 판결을 내리는 새로운 법정을 만들면 어떨까요?"

화학부 장관이 말했다.

"바로 그거야! 과학공화국답게 그런 법정이 있어야지. 그래, 화학법정을 만들면 되는 거야. 그리고 그 법정에서의 판례들을 신문에 게재하면 사람들이 더 이상 다투지 않고 자신의 잘못을 인정하게 될 거야."

대통령은 매우 흡족해했다.

"그럼 국회에서 새로운 화학법을 만들어야 하지 않습니까?"

법무부 장관이 약간 불만족스러운 듯한 표정으로 말했다.

"화학적인 현상은 우리가 직접 관찰할 수 있습니다. 방귀도 화학적인 현상이지요. 그것은 누가 관찰하건 간에 같은 현상으로 보이게 됩니다. 그러므로 화학법정에서는 새로운 법을 만들 필요가 없습니다. 혹시 새로운 화학 이론이 나온다면 모를까……."

화학부 장관이 법무부 장관의 말을 반박했다.

"나도 화학을 좋아하긴 하지만, 방귀는 왜 뀌게 되고 왜 그런 냄새가 나는지는 몰라요. 그러니까 화학법정을 만들면 이 같은 궁금증을 보다 쉽게 해결할 수 있지 않을까요?"

대통령은 벌써 화학법정을 두기로 결정한 것 같았다. 이렇게 해서 과학공화국에는 화학적으로 판결하는 화학법정이 만들어지게 되었다.

초대 화학법정의 판사는 화학에 대한 책을 많이 쓴 화학짱 박사가 맡게 되었다. 그리고 두 명의 변호사를 선발했는데 한 사람은 대학에서 화학을 전공했지만 정작 화학에 대해서는 잘 알지 못하는 40대의 화치 변호사였고, 다른 한 사람은 어릴 때부터 화학 영재 교육을 받은 화학 천재 케미 변호사였다.

이렇게 해서 과학공화국 사람들 사이에서 벌어지는 화학과 관련된 많은 사건들이 화학법정의 판결을 통해 깨끗하게 마무리될 수 있었다.

욕실에 관한 사건

비누가 갈라져요

잘 갈라지는 비누는 피부 보습 효과가 없는 걸까요?

이깔척은 도리 초등학교에서 제일 깔끔한 척하는
아이이다. 반 아이들 대부분이 깔척이를 싫어한다.
왜냐고? 자기 혼자 너무 깔끔을 떨면서 주위 사람
들을 피곤하게 하기 때문이다.

"어머, 더러야! 너 왜 화장실에서 소변을 누고 나오면서 손을 그
렇게 씻니? 그렇게 물로 헹구기만 하면 되는 게 아니라 비누로 뽀
독뽀독 소리가 날 때까지 손을 문질러 줘야 해."

"얘, 너희 집 도시락 이거 살균 소독한 것 맞니? 그냥 퐁퐁만 했
다가 세균이 남아 있으면 어떡하니? 이 도시락 살균 소독한 거면

반찬 하나만 집어 먹을게."

반 아이들은 깔척이가 가까이 오는 소리가 들리면 흠칫 놀라거나 슬슬 피하곤 했다.

어느 날 담임선생님이 아침 조례 시간에 말했다.

"며칠 뒤에 한 달 동안 야영을 가게 되었어요. 조는 선생님이 알아서 정해 줄 겁니다. 혹시 못 가는 학생 있나요? 야영을 못 가는 학생은 학교에 나와 수업을 받아야 해요."

그러자 깔척이가 손을 번쩍 들고는 말했다.

"선생님, 그런데 야영은 어디로 가는 거죠?"

"장소가 확실히 정해지지는 않았지만 아마 산 쪽으로 갈 것 같아. 그게 건강과 체력 증진에도 도움이 되고. 그런데 그건 왜 묻니?"

"선생님, 저는 야영을 갈 수 없을 것 같습니다."

"그래? 왜 야영을 갈 수 없니? 집에 혹시 큰일이라도 있는 거야? 아니면……?"

"한 달 동안 산으로 간다고요? 으, 그럼 저는 하루에 적어도 샤워를 세 번은 해야 하는데 그게 가능할 거 같지 않아요. 전 도저히 갈 수 없어요."

"뭐라고? 이깔척, 이번 기회에 넌 공동체 생활을 좀 배워야 할 것 같아. 잔말 말고 가는 거다. 알겠지?"

깔척이는 찍소리 못하고 야영에 끌려가게 되었다. 반 아이들은 수군거리기 시작했다.

"어머, 깔척이랑 한 조가 되는 애들은 진짜 피곤하겠다."

"제발 내가 되지 않았으면……."

며칠 뒤 조가 정해졌다.

"6조는 이깔척, 더리, 소미, 호궁이, 아욱이 이렇게 다섯 명입니다."

"뭐? 으악, 싫어요, 선생님! 제가 이번 야영을 얼마나 기대했는데 깔척이랑 한 조라뇨?"

더리가 선생님께 소리를 질렀다.

"쟤가 깔끔한 척으로 얼마나 사람을 피곤하게 하는 줄 아세요?"

"더리야, 선생님이 보기엔 환상의 조라고 생각해. 그리고 너 역시 공동체 정신이 필요한 것 같구나."

"힝, 선생님!"

아이들은 수련회에 필요한 준비물을 사기 위해 다 같이 시장으로 갔다.

"식단표에 카레라이스가 있었으니까 우선 야채부터 사자."

"뭐? 야채를 일일이 다 산다고? 깔척아, 그럼 일이 너무 많아지지 않을까? 그냥 우리 3분 카레 사 가는 게 어때?"

"3분 카레? 너 혹시 3분 카레 만들어서 봉지에 넣는 과정까지 본 적 있니? 다른 사람들이 만든 것을 어떻게 믿고 먹니?"

"그냥 믿고 먹으면 되잖아, 이 깔끔쟁이야!"

"앗, 그런데 김치찌개 끓여야 하니까 돼지고기도 필요하겠다."

"아, 맞아!"

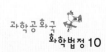

아이들은 정육점 앞으로 뛰어갔다.

"아저씨, 돼지고기 5천 원어치만 주세요."

"5천 원어치? 어느 부위로 줄까?"

"어느 부위 할 것 없이 무조건 깨끗한 부위로 주세요."

그 말을 듣고 아저씨와 아이들은 큰 소리로 웃었다.

"역시 깔척이야. 아저씨, 저희 김치찌개 만들 거예요. 알맞은 부위로 아저씨가 챙겨 주세요."

아이들은 정육점을 나와 마트로 갔다.

"필요한 게 샴푸, 린스, 비누…… 이 정도면 되겠다. 샴푸, 린스는 내가 가져올게."

"잠깐, 저기 저 비누 굉장히 싼 것 같은데? 나는 너희들과는 달리 야영 가서도 하루에 세 번은 꼭꼭 샤워를 해야 하니까 비누는 내가 사 갈게. 우와, 피부 보습 비누라는데 50개에 9,900원밖에 안하네. 호호, 당장 이거 사야지."

깔척이는 신나하며 그 비누를 샀다. 대충 필요한 준비물을 몇 가지 더 산 뒤 아이들은 각자 집으로 흩어졌다.

드디어 야영 날, 아이들은 들뜬 마음에 버스 안에서 흥겹게 노래를 불렀다. 창밖으로 보이는 나뭇가지도 아이들의 노래를 따라 부르는 듯 흔들흔들 춤추고 있었다. 깔척이도 신이 나서 연신 친구들과 웃으며 입방아를 찧었다.

야영 첫째 날, 역시 깔척이는 부지런히 꼭꼭 샤워를 했다. 식사

시간에 남들보다 빨리 식사를 하고 샤워장으로 뛰어가 샤워를 했다. 그런 깔척이를 보고 아이들은 대단하다며 감탄을 했다.

"얘, 깔척아! 너 그렇게 하루에 서너 번씩 샤워하다가 피부 벗겨지는 거 아냐?"

"후후, 얘는! 나는 어렸을 때부터 이렇게 계속 샤워를 해 왔기 때문에 하루에 세 번 샤워를 못하면 찝찝해서 죽을 것 같은걸. 그나저나 이 비누 너무 싸게 사 와서 정말 기분 좋아. 호호, 나 또 샤워하러 간다."

야영이 끝으로 접어들 무렵, 샤워장을 다녀온 깔척이가 소리를 질렀다.

"더리야, 속상해 죽겠어!"

"너 샤워하는 동안 우리만 먼저 수박 먹은 거 알았구나? 속상해하지 마. 네 것도 남겨 놨어."

"어머, 그게 아니라 저번에 너희들이랑 마트에 갔다가 비누 50개를 9,900원에 판다고 해 좋아서 사왔잖아. 그런데 비누가 계속 갈라져. 왜 이렇지? 피부 보습 효과까지 있다고 해서 좋아했더니……"

"정말? 어디 보자. 어머, 진짜네. 깔척아, 너 이거 그냥 넘기지 마. 네가 그냥 넘기면 딴 애들도 너처럼 속상해 할 거 아냐! 당장 화학법정에 신고해."

"아무래도 그래야겠지? 아우, 속상해."

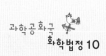

비누를 공기 중에 오래 두면 수분이 날아가 비누가
갈라지게 됩니다. 비누를 쓰고 난 후에는 비눗갑 뚜껑을 꼭
닫아 두어야 비누가 갈라지지 않습니다.

여기는 **화학법정**

비누가 갈라지는 이유는 무엇일까요?
화학법정에서 알아봅시다.

재판을 시작하겠습니다. 먼저, 원고 측 말씀하세요.

피부 보습 효과가 뛰어나다는 비누 50개를 9,900원에 샀는데 글쎄 비누가 갈라지지 않겠습니까? 물건을 판매하기 전에 비누가 갈라지는 것은 물론, 그 외의 다른 문제에 대해서도 충분히 시험해 보았어야 했는데, 아마도 비누 회사는 싼 가격만 내세워 성급히 시중에 내보낸 듯 합니다. 비누를 사용하고 난 후 비누가 갈라지는 것을 보니 피부에 나쁜 영향을 미치지 않을까 걱정됩니다. 또 피부 보습 효과가 있는 비누를 이렇게 싼 가격으로 시중에 내놓을 수 있는 건지도 궁금합니다. 따라서 이것은 피부 보습 효과가 없는 비누일 가능성이 높다고 생각합니다.

피고 측 변론하시죠.

비누에 대한 전문 지식을 가지고 있고 오랫동안 비누저아 회사에서 근무하셨던 김비누 씨를 증인으로 모시겠습니다.

아기 피부처럼 새하얗고 부드러워 보이는 얼굴을 가
진 남성이 증인석에 앉았다.

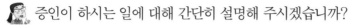

증인이 하시는 일에 대해 간단히 설명해 주시겠습니까?

저는 오랫동안 비누저아 회사에서 일을 해 왔고, 또한 제가
만든 비누를 지금까지 사용해 오고 있는 사람입니다. 지금 제
피부가 하얗고 부드러운 것도 다 비누저아 회사의 비누 덕분
이죠.

비누의 효과는 무엇입니까?

옛날에 비누는 세균이 피부 접촉을 통해 전염되는 것을 예방
하는 효과를 가지고 있었습니다. 그리고 비누는 물 분자들이
서로 잡아당기는 힘을 떨어뜨리기 때문에 샤워 후 목욕탕 거
울에 서린 김을 제거할 때도 비눗물이 유용하게 사용됩니다.

보습 비누와 그냥 비누의 차이점은 무엇입니까?

보통 큰 차이는 없습니다만 최근 여성과 남성 할 것 없이 피
부에 많은 관심을 쏟고 있기 때문에 보습 비누는 몇 가지 곡
물 같은 것을 첨가하여 피부 보습 효과를 더해 줍니다. 그리
고 그냥 비누는 향만 첨가해 만들죠.

그럼 보습 비누는 보통 비누보다 더 많은 재료를 사용한다는
건데 왜 가격을 이렇게 낮춰서 판매하는 거죠?

일종의 전략입니다. 사실 요즘 도시 사람들은 파는 물건에 대

한 믿음이 부족한지라 사서 쓰기보다는 스스로 만들어 쓰는 사람들이 많습니다. 따라서 비누 판매량도 현저히 줄어들어 자금 사정이 어렵게 되자 회사에서 가격을 낮춰 대량으로 판매하는 전략을 쓴 것입니다.

그렇군요. 그런데 보습 비누가 피부 보습 효과가 뛰어나다면, 보습 비누가 가지고 있는 물기가 다른 비누에 비해 많아야 할 텐데 왜 갈라지는 거죠?

그것은 사용한 고객님의 잘못입니다.

사용한 고객의 잘못이라뇨? 만들어진 비누에 문제가 있는 것이 아니고요?

보습 비누를 사용하고 난 후 보관을 잘못한 것이죠.

그게 무슨 말입니까?

우리가 쓰는 비누는 일정 비율의 수분을 가지고 있습니다. 그런데 사용하다가 공기 중에 오래 두게 되면 수분이 다 날아가 버려서 비누가 갈라지게 되죠. 이것은 나무가 뒤틀리는 것과 비슷한 현상으로 볼 수 있습니다. 그러므로 비누를 쓰고 난 후에는 반드시 비눗갑의 뚜껑을 닫아 두어야 비누가 갈라지지 않습니다.

그렇군요. 정리해 보면 비누가 갈라진 것은 원고가 비누를 사용한 후 뚜껑을 닫지 않고 방치해 비누에 포함되어 있는 수분이 날아갔기 때문입니다. 결론적으로 저는 비누저아 회사는

사기 판매를 하지 않았다는 것을 말씀드리고 싶습니다.

판결합니다. 비누저아 회사는 피부 보습 효과가 있고 피부에 해가 되지 않는 성분들로 비누를 만들었습니다. 그러나 포함되어 있는 수분의 양이 적어서 단시간 방치에도 비누가 갈라졌습니다. 그러므로 비누저아 회사는 앞으로 비누를 만들 때 수분 함량을 더 높이도록 하고, 또한 사용자도 비누 보관에 신경을 써 비누를 오래 사용할 수 있도록 해야 할 것입니다. 이상으로 재판을 마치겠습니다.

재판이 끝난 후 비누저아 회사는 비누의 수분 함량을 높여 여전히 싼 가격으로 판매했다. 또 웰빙 시대라 하여 계속 아로마비누, 야채비누, 꿀비누 등을 만들어 판매함으로써 다른 비누 회사보다 판매량에서 앞서게 되었다.

 조해성

비누의 주성분은 수산화나트륨인데, 이 수산화나트륨은 공기 중의 수분을 흡수하여 녹아 버리는 성질이 있다. 이 성질을 조해성이라고 한다.

줄어든 모직 스웨터

모직 스웨터는 왜 드라이클리닝을 해야 할까요?

"어머, 센지 선배! 오늘 빨간 스웨터, 너무 예뻐요. 그거 어디서 샀어요? 오늘 그 스웨터 덕분에 화면에 정말 예쁘게 나오겠어요."

"호호, 민종아! 내가 이거 찾느라고 백화점을 일곱 바퀴나 돌았어. 호호, 이 스웨터가 이제 내 보물 1호야. 모직이라서 그런지 가격도 꽤 나가. 아마 네 상상을 초월할걸? 이제 시트콤에서 면용 오빠가 너 말고 나 좀 봐 줄까?"

"에이, 선배도……. 호호, 스토리가 그렇게 짜여 있는 걸 어떡해요? 실제였으면 면용 선배님이 당연히 언니랑 잘되지, 저 같은 건

처다나 보겠어요? 앗, 촬영 시작하려나 봐요. 어서 가요."

원래 센지와 민종이는 연예계에서 얼굴만 알고 지내던 사이였는데 이번에 시트콤 '거침없이 발차기'에 함께 출연하게 되면서 친해져 돈독한 우정을 쌓아 나가고 있다.

오늘 촬영 신은 면용 선배를 사이에 둔 센지와 민종이의 대립이 주된 장면이다.

"센지야, 넌 이제 면용 오빠랑 끝났잖아. 그런데 왜 계속 면용 오빠 앞에 나타나 면용 오빠를 뒤흔드는 거니?"

"우리가 헤어졌다고 해서 완전 남남처럼 지내야 하는 건 아니잖니? 그럼 우리 아기 준휘는 어떡하고? 네가 사랑을 하는 건 좋아, 좋다고! 하지만 그렇다고 해서 왜 내가 면용 오빠 앞에서 사라져야 하니? 왜?"

"왜냐고? 넌 이제 그럴 자격이 없으니까!"

"뭐?"

센지는 소리를 지르며 민종이의 뺨을 때렸다. 연기에 몰두한 탓일까? 센지의 손에 너무 많은 힘이 들어가는 바람에 민종이는 뺨을 맞고 그 자리에 쓰러지고 말았다.

"컷컷, 거기 무슨 일이에요?"

민종이는 벌게진 볼을 손으로 잡고 일어났다.

"아니에요, 촬영 계속 가요."

촬영이 끝나고 센지는 미안한 마음에 민종이에게 달려갔다.

"민종아, 미안해! 아까 나도 모르게 연기에 몰두하고 있었나 봐. 많이 부었어? 아직도 아프니?"

"아니에요, 선배! 선배가 일부러 그런 것도 아니잖아요."

센지는 미안한 마음에 어떡해야 좋을지 몰랐다.

"아, 그래! 민종아, 너 오늘 선본다고 했지? 오늘 선보는 자리에 이 스웨터 입고 나가. 언니가 오늘 하루 빌려 줄게. 깨끗하게만 입고 돌려주면 돼."

"아니에요, 무슨……"

"내가 너무 미안해서 그래. 언니가 얼른 다른 옷으로 갈아입고 너 빌려줄 테니까 잠깐만 기다려."

민종이는 이게 무슨 횡재인가 했다. 안 그래도 오늘 선보는 자리에 입고 나갈 만한 옷이 없어 걱정이었는데 저렇게 고급스럽고 예쁜 스웨터를 빌려 준다니!

민종이는 빨간 스웨터를 입고 약속 장소로 나갔다. 상대방 남자와 눈이 마주친 순간 민종이의 심장은 두근거렸다.

'어머, 완전 내 이상형 브래드 피토 오빠랑 똑같이 생겼잖아!'

그 남자 역시 민종이가 마음에 드는지 연신 미소를 띠었다.

"빨간 스웨터가 민종 씨에게 너무나 잘 어울립니다. 저녁 식사로 고추장 불고기 괜찮으세요? 민종 씨의 빨간 스웨터를 보니 고추장 불고기가 생각나는군요. 하하!"

"고추장 불고기요? 어머, 제가 너무나 좋아하는 거예요."

둘은 서로에게 호감을 느끼며 고추장 불고기를 먹으러 갔다. 그런데 식사 도중 그만 민종이의 스웨터에 고추장이 튀고 말았다.

"어머, 이를 어째!"

"이런, 고추장이 튀었군요. 후후, 민종 씨! 생각보다 덜렁거리시는군요."

"지금 웃을 때가 아니에요. 이 옷이 제 옷도 아니고…… 아차차, 그게 아니라 이 옷이 제 옷 중에 제일 좋은 거라서, 어떡하지."

"그러시면 제가 이 근처에 뜨거운 물로 세탁 잘하는 곳을 알고 있는데 지금 바로 가서 맡기고 올게요. 안에 셔츠만 입고 계셔도 괜찮으시면 벗어 주시겠어요?"

"예, 감사합니다. 정말 감사합니다."

남자는 서둘러 민종이의 스웨터를 세탁소에 맡기고 왔다.

"식사를 마친 후에 찾으러 가면 아마 시간이 딱 맞을 거예요."

민종이는 남자에 대한 호감이 점점 커지는 것을 느끼며 홀가분한 마음으로 식사를 마쳤다.

둘은 식사를 마치고 스웨터를 찾기 위해 세탁소로 갔다.

"오셨어요? 저희가 손님 스웨터를 깨끗하게 세탁해 놓았습니다. 여기 있습니다."

스웨터는 깔끔하게 접혀서 종이 가방에 넣어진 채 민종이에게 건네졌다.

"어머, 고맙습니다."

민종이와 그 남자는 다음 번에 다시 만날 것을 약속하며 기분 좋게 헤어졌다.

다음 날 아침, 민종이는 스웨터가 든 종이 가방을 들고 센지에게 갔다.

"선배, 선배가 빌려 준 스웨터 너무 잘 입었어요. 호호, 정말 감사해요."

"그래? 감사하긴, 내가 어제 미안했지."

센지는 가방을 들고 탈의실로 갔다. 그리고 종이 가방에서 스웨터를 꺼내보고는 민종이를 찾았다.

"민종아, 스웨터가 왜 이래? 왜 이렇게 줄어든 거야? 도대체 어떻게 된 거니?"

"스웨터가 줄어들었다고요? 어제 제가 고추장을 조금 흘렸는데 다행히 근처에 세탁소가 있어서 얼른 세탁했어요. 근데 왜 이렇게 되었지?"

"이 스웨터 이제 내 몸에는 들어가지도 않아! 내가 이 스웨터를 보물 1호라고 말했었잖아. 왜 이렇게 만들어 온 거야? 정말 속상해. 이건 네가 가지고, 대신 스웨터 값을 나에게 줘."

"뭐라고요? 선배, 저는 정말 잘못한 게 없어요."

"그럼 내가 잘못한 거니?"

"선배, 그럼 우리 이 문제를 화학법정에 의뢰해 보는 건 어떨까요?"

모직물은 비늘 같은 섬유로 이루어져 있어서 뜨거운 물로 빨면
이것이 곤두서고 서로 잡아당겨지게 됩니다. 그러므로 모직물을
세탁할 때는 뜨겁지 않은 물에서 빨아야 합니다.

여기는 **화학법정**

모직 스웨터를 뜨거운 물로 빨면
왜 줄어들까요?
화학법정에서 알아봅시다.

 재판을 시작하겠습니다. 피고 측 말씀하세요.

 모직 스웨터를 뜨거운 물로 세탁했더니 줄어
들었다고 합니다. 이것은 억지입니다. 보통
빨래를 할 때 뜨거운 물로 씻으면 빨래의 찌든 때도 더 잘 벗겨
지는데, 빨래가 되기는커녕 옷이 줄어들어서 입지 못하게 되다
니요? 문제의 스웨터는 보관을 잘못했거나 살 때부터 잘못된 제
품인 것으로 생각되는 바입니다.

 원고 측 변론하세요.

 10년 동안 세탁소를 운영하고 계시는 오세탁 씨를 증인으로 요
청합니다.

옷에서 광택이 나는 사내가 증인석에 앉았다.

 증인께서 하시는 일에 대해서 간단히 설명해 주시죠.

 저는 10년 동안 세탁소를 운영했고, 가죽옷 세탁, 드라이클리닝,
옷 수선 등 옷에 관한 모든 것을 서비스하고 있습니다.

 드라이클리닝이 무엇입니까?

드라이클리닝이란 말을 많이들 들어 봤겠지만 아마 대부분 어떻게 빨래하는 것인지 모르는 사람들이 많을 거라 생각됩니다. 드라이클리닝은 물 대신 유기 용매로 세탁하는 방법입니다. 쉽게 말해서 석유 같은 것으로 세탁한다는 말이죠. 옷에 묻은 기름때는 유기 용매를 사용해야지 깨끗하게 씻어 낼 수 있거든요.

기름때가 아닌 물에 잘 녹는 때는 어떻게 제거합니까?

유기 용매에 물을 조금 섞어 빨래를 한답니다. 그럼 기름때뿐만 아니라 물에 잘 녹는 때도 깨끗이 지워지죠.

그럼 화치 변호사께서 말씀하신 것처럼 뜨거운 물로 세탁을 하면 때의 종류에 따라 지워지거나 혹은 지워지지 않아야 하는 것인데 왜 스웨터가 줄어들기까지 하는 겁니까?

뜨거운 물과 모직 스웨터는 짝이 될 수가 없어요.

그게 무슨 말입니까?

뜨거운 물로 모직 스웨터를 빨면 스웨터는 줄어듭니다. 이것은 모직물이 비늘 같은 섬유로 이루어져 있기 때문이죠. 스웨터를 현미경으로 보면 아주 거친 비늘들을 많이 볼 수 있어요. 그런데 이 섬유의 비늘들은 온도가 올라가면 서로 꼬이게 됩니다. 그래서 스웨터가 줄어드는 거지요.

그럼 이 스웨터를 다시 원상태로 되돌릴 수 있는 방법은 없는 건가요?

안타깝게도 없습니다. 모직 스웨터를 뜨거운 물에 담그면 처음에는 물을 밀어내지만 일정 시간이 지나면 물을 흡수합니다. 그 후 모직 스웨터의 섬유 비늘이 꼬이면서 스웨터가 줄어들지요. 이렇게 꼬인 섬유 비늘은 다시 원래의 모습으로 되돌아가지 않습니다.

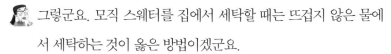 그렇군요. 모직 스웨터를 집에서 세탁할 때는 뜨겁지 않은 물에서 세탁하는 것이 옳은 방법이겠군요.

판결합니다. 어떤 옷이든 옷에 붙은 상표를 보면 적절한 세탁법이 간단하게 적혀 있습니다. 옷을 빨기 전에 반드시 세탁법부터 확인하고 세탁하시기 바랍니다. 특히 모직 스웨터를 뜨거운 물에 세탁하게 되면 다시는 원상태로 복구할 수 없으니 빨래를 할 때 항상 주의하시기 바랍니다. 그리고 빌린 옷을 입을 때는 항상 주의해서 입고 주인에게 돌려주는 것도 잊지 마십시오. 이상으로 재판을 마치겠습니다.

재판이 끝난 후 센지는 화를 많이 낸 것에 대해 민종이에게 사과를 했고, 민종이도 옷을 못 입게 만들어서 미안하다며 옷의 반값을 변상해 주었다. 이 일을 통해 둘의 사이는 더 가까워졌고, '거침없이 발차기'도 높은 시청률을 기록하며 종영되었다.

 유기 용매

용매는 용액 안에서 다른 물질을 녹이는 물질을 말한다. 유기 용매는 탄소를 함유한 화합물로 이루어진 것으로, 벤젠, 아세톤, 알코올 등이 있다.

면티와 다림질

다림질할 때 물을 뿌리는 이유는 무엇일까요?

현대판 공주, 이건 바로 나예리를 두고 하는 말이
다. 나예리는 세계적 호텔 체인을 가지고 있는 대
부호집 외동딸이다. 나예리가 태어나던 날, 나예리
의 할아버지는 너무 기뻐 호텔에 투숙하고 있던 투숙객들 모두에
게 값비싼 샴페인을 한 병씩 돌렸다. 그리고 갓 태어난 나예리에게
탄생 기념으로 호텔을 선물했다.

이렇게 되자 모든 사람들이 어린 나예리 앞에서 벌벌 떨었다. 예
리는 유치원도, 초등학교도 가지 않았다. 각 과목마다 과외 선생님
들이 직접 집으로 방문해 나예리를 가르쳤으며, 바이올린, 피아노,

발레 등 예리는 모든 예술적 기술을 두루 섭렵했다.

예리가 열여덟 살이 되던 해, 예리는 영화배우가 되기로 결심했다.

"아버지, 저는 영화배우가 되겠어요."

"뭐라고? 예리야, 우리 집은 대대로 호텔을 운영하는 뼈대 있는 집안이야. 그런데 영화배우가 되겠다고? 절대 안 된다."

"아버지, 저는 최고의 영화배우가 될 소질이 있어요. 아직도 모르시겠어요?"

"얘야, 네가 연기에 소질이 있는지는 모르겠지만 네 외모로 영화계에 발을 들이기엔 조금 힘들겠구나."

"뭐라고요?"

예리는 울면서 방을 뛰쳐나갔다. 예리 역시 자신의 단점을 잘 알고 있었다. 예리는 단춧구멍만한 작은 눈에, 비가 오면 혹시 비가 들어가지나 않을까 걱정되는 들창코를 가지고 있었다. 그리고 그 중 가장 심각한 것은 바로 큰 사각턱이었다.

어느 날 예리는 호텔을 몰래 빠져나가 성형외과로 갔다.

"의사 선생님, 저를 송화교처럼 만들어 주세요."

"예? 그건 절대적으로 불가능한 일입니다."

"뭐라고요? 저를 송화교랑 똑같이 만들어 준다면 10억을 드리겠어요."

의사 선생님은 10억이라는 말에 잠시 고민을 하다가 싱긋 웃으며 대답했다.

"그럼, 우리 오늘 당장 수술을 할까요?"

얼굴 전체를 다 고친 예리는 얼굴에 붕대를 칭칭 감고 호텔로 돌아왔다.

"아이고, 예리야! 이게 무슨 일이니? 어디 다친 게냐?"

"아빠, 저 한 달 동안 방에서 안 나올 거예요. 그러니까 아빠도 제 얼굴 볼 생각 마세요."

그렇게 예리는 방문을 쾅 닫고 들어가 한 달 동안 나오지 않았다. 가사 도우미만 예리의 방을 드나들며 음식을 가져다주었다.

"그래, 예리는 안에서 뭘 하고 있나? 어디 아픈 데는 없는가?"

예리에 대한 아버지의 사랑은 극진했다.

"회장님도 참, 아가씨 방 안에 디비디와 컴퓨터는 물론이고 욕실과 수영장까지 있는데 뭘 그렇게 걱정하세요? 아가씨는 지금 온천욕하고 있는 중이랍니다."

한 달 뒤 예리가 붕대를 풀고 방문을 열고 나왔다.

"저, 누구신지?"

"아빠, 저예요. 저 예리예요."

"뭐라고? 네가 예리라고? 어떻게 된 일이야?"

"성형 수술을 받았어요. 어때요, 아빠? 이렇게 예쁜 사람 이제까지 본 적 없으시죠? 호호, 이제 저 영화배우 오디션 보러 가도 되지요?"

아빠는 예리의 고집을 꺾을 수 없음을 깨닫고는 조용히 말했다.

"그래, 예리야! 오디션을 보려무나. 대신 세계 최고의 영화배우가 되어야 한다."

"네, 약속할게요. 호호!"

예리는 며칠 뒤 급한 전화 한 통을 받았다. 마침 영화 촬영을 시작하려는데 주연 배우 자리가 개인 사정으로 비었으니 와서 오디션을 한번 받아보라는 것이었다.

"도우미 아주머니, 저 지금 바로 오디션 보러 가야 해요. 제가 제일 아끼는 면티 아시죠? 그것 좀 찾아서 다려 주시겠어요? 급해서 그러니 빨리 좀 부탁드려요."

예리는 갑작스레 찾아온 행운에 신이 나서 룰루랄라 욕실로 들어갔다.

가사 도우미는 급한 마음에 옷에 물을 뿌리지 않고서 서둘러 다림질을 했다.

"아주머니, 제 면티 어디 있어요? 어머, 제가 씻고 올 때까지 다려놓으라 했더니 이렇게 티를 구불구불하게 만들어 놓으면 어떡해요?"

"아가씨, 나는 급하게나마 다린다고 다렸는데 참 이상하네요."

"어떡하면 좋아, 그래도 급하니까 이거라도 입고 인터뷰 가야겠어요."

예리는 구불구불해진 면티를 입고 서둘러 오디션 장소로 갔다.

"그쪽이 나예리인가? 이거, 예리 양 아버지의 친구 분한테 부탁

받은 일이라 오디션이나 한번 보려고 했더니 안 되겠네. 구불구불한 티셔츠 좀 보라고! 이렇게 준비성이 없어서야……."

"아니, 그게 아니라……."

"됐네, 그만 가 보게."

오디션 장을 나오면서 예리는 머리끝까지 화가 나서 집으로 달려갔다.

"아주머니, 아주머니 때문에 제가 영화 주연이 될 기회를 놓쳤다고요. 도대체 어떻게 책임지실 거예요? 당장 해고예요. 아니, 해고로는 부족해요. 보상부터 하시고 그만두세요. 알겠어요?"

"어머, 아가씨! 해고라니 무슨 그런 말씀을 하세요? 저는 아가씨께서 티셔츠를 다림질해 놓으라기에 다림질을 했을 뿐인데, 정말억울해요."

"그럼 이게 제 탓이란 말이에요?"

"아가씨, 그럼 우리 한번 화학법정에 의뢰해 보기로 해요. 그리고 저한테 잘못이 있다면 제가 보상을 할게요."

면은 셀룰로오스라는 분자로 이루어져 있는데, 이 분자는 225℃ 이상이 되어야 움직입니다. 그리고 물을 뿌려 주면 셀룰로오스 분자들 사이의 결합력이 약해져 쉽게 움직이게 된답니다.

면티를 다리미로 다리면
왜 구불구불해지는 걸까요?
화학법정에서 알아봅시다.

 재판을 시작하겠습니다. 피고 측 말씀하시죠.

 아가씨가 면티를 주면서 다리미로 다리라고
해서 다렸을 뿐인데 옷이 구겨졌다며 해고도
모자라 보상까지 요구합니다. 다리미에도 문제가 없고 그저 다
린 것이 다인데, 아주머니가 무슨 잘못입니까? 셔츠를 다릴 때
보면 그냥 다려도 잘 다려지지 않습니까? 원래부터 옷에 문제가
있었던 것으로 생각됩니다.

 원고 측 변론하시죠.

 옷만다림 세탁소에서 일하시는 오따림 씨를 증인으로 요청합니다.

잘 다려진 양복을 입은 남자가 증인석에 앉았다.

 증인의 세탁소에서는 정말 옷만 다립니까?

 네, 뭐 대부분의 세탁소에서는 세탁과 옷을 다리는 일을 동시에
하지만 저 같은 경우는 옷만 다려 드립니다. 사실 요즘처럼 바쁜
세상에 세탁기는 좋은 것이 많이 나와 집에서 세탁한다지만 아
침에 옷 다릴 시간이 없는 직장인들을 위해 빠른 시간 내에 옷을

다려 배달해 드리지요. 가격도 저렴하고요.

 그렇군요. 옷은 주로 어떻게 다리나요?

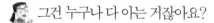 모두들 알고 있듯이 다리미를 사용합니다.

그건 누구나 다 아는 거잖아요?

그런가요?

본론으로 들어가죠. 이번 사건에서 다림질을 했는데도 면티가 잘 펴지지 않은 것은 왜 그런 거죠?

물을 뿌리지 않아서입니다.

다림질할 때 꼭 물을 뿌려야 하나요?

물론입니다.

그 이유는 뭔가요?

면과 같은 옷감은 셀룰로오스라는 분자로 이루어져 있습니다. 그런데 셀룰로오스 분자는 아주 단단하게 결합되어 있어 온도가 225℃ 이상이 되어야 움직입니다. 이때 물을 뿌려 주면 물 분자들이 셀룰로오스 분자 사이로 파고들어 단단하게 결합되어 있던 셀룰로오스 분자들 사이의 결합력을 약하게 만들어 주지요. 그러면 셀룰로오스 분자들의 이동도 쉬워져요. 그래서 물을 뿌리면 다림질을 하는 방향으로 셀룰로오스 분자들이 움직여 옷감이 부드럽게 펴지게 되고 다리미가 뜨거우므로 물이 증발하면서 다시 셀룰로오스 분자들이 단단하게 결합하여 옷이 반듯하게 펴지게 되는 거죠.

 그렇군요. 좋은 말씀 감사합니다.

 판결합니다. 앞으로는 옷이 잘 안 펴질 때 물을 뿌리는 것이 좋은 방법인 듯하군요. 비록 옷이 구겨져 오디션을 보지 못했지만 분명 나예리 양이 연예인이 될 사람이라면 반드시 기회는 다시 찾아올 거라 생각합니다. 다림질에 대한 얕은 지식으로 말미암아 이런 실수가 일어났지만 예리 양이 너그럽게 아주머니를 용서해 주기 바랍니다. 그리고 옷을 다릴 때는 적당한 온도와 습도가 필요하며, 벽에 등을 기대앉을 때에도 옷이 구겨지지 않게 항시 조심하는 것이 좋을 듯 합니다. 이상으로 재판을 마치겠습니다.

재판이 끝난 후 나예리는 아주머니께 너무 심하게 대한 것에 대해 사과했다. 그리고 이후 나예리에게 오디션 기회가 한 번 더 찾아왔고, 나예리는 당당히 합격하여 많은 인기를 얻으며 주연 배우로 자리매김하였다.

 셀룰로오스

셀룰로오스는 식물 세포의 벽을 구성하는 물질로 다른 말로는 섬유소라고 한다. 식물성 물질에 많이 들어 있고 이들이 모여 섬유를 만든다.

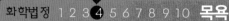

김 서린 거울

비눗물로 거울을 닦으면 서린 김이 정말로 사라질까요?

김씨 부부는 자그마한 목욕탕을 운영한다. 30년 전
부터 이들 부부는 목욕탕 사업을 하면서 집안 살림
을 꾸려 왔다. 몇 년 전 김씨 부부는 그동안 운영하
던 목욕탕을 세를 준 뒤 옆 동네로 가서 어마어마하게 큰 목욕탕을
지었다. 이름하여 '이태리타월 목욕탕'이다. 김씨 부부는 화려한
목욕탕을 지으며 기대에 한껏 부풀어 있었다.

"여보, 우리 이 목욕탕 대박 나면 우리는 이제 목욕탕집 사장이
아니라 회장이 되는 거야. 후후, 아예 전국 각지에 이태리타월 목
욕탕 체인점을 차려 버리자. 하하!"

"아잉, 여보는 참! 옛말에 '감잣국부터 마시지 마라'는 말도 있 잖아요. 호호!"

"감잣국? 나는 '김칫국부터 마시지 마라'인 줄 알았는데 김치가 아니라 감자였구나. 역시 똑똑한 우리 부인! 쪼옥!"

"아잉, 대낮에 볼에 뽀뽀를 하면 어떡해요? 호호, 남들 보면 어 쩌려고."

"근데, 여보 목욕탕이 넓으니 목욕탕 안에 이것저것 시설을 만들 어야겠어. 안 그러면 너무 허전하겠는걸."

"그래요? 그래도 시설이 많으면 사람들이 앉을 곳이 많이 없어 지지 않을까요?"

"사우나를 한방 사우나, 소금 사우나, 진흙 사우나 정도로 만들 고, 탕 종류를 많이 해요. 버섯탕, 옥탕, 우유탕, 진흙탕, 쑥탕, 감 자탕, 어때요?"

"와, 그거 너무 멋있겠는걸."

그렇게 이태리타월 목욕탕은 김씨 부부의 기대 속에 개업하게 되었다. 개업 첫날 소문을 듣고 많은 사람들이 목욕탕을 찾았다. 탈의실은 발 디딜 틈이 없었으며, 목욕탕 안의 시설은 줄을 서야 사용할 정도로 만원이었다. 그 모습을 보며 김씨 부부는 좋아서 어 쩔 줄을 몰랐다. 그런데 그날 바로 일이 터지고 말았다. 유치원에 서 단체 목욕을 온 유치원생들이 우유탕에 들어가서 우유인 줄 알 고 탕 안의 물을 바가지로 퍼서 꼴깍꼴깍 마셔버린 것이다. 그 때문에 갑자기 119가 오는 소동이 일어났으며, 목욕탕 안에 있던 사람들은 급히 몸을 숨겼다. 그 뒤로 아이를 가진 엄마들은 더 이상 이태리타월 목욕탕을 찾지 않았고, 목욕탕에는 점차 손님들의 발길이 끊어졌다.

"여보, 우리가 너무 욕심 낸 건 아닐까? 안 그래도 큰 목욕탕이 요즘은 사람이 없어서 그런지 더 크게 보여."

"저도 그런 생각했어요. 그래서 말인데 그냥 예전에 우리가 운영하던 초록때수건 사우나로 돌아가는 게 어떨까요? 이태리타월 목욕탕은 전세를 주면 되잖아요."

"그것 참 좋은 생각인데? 그렇잖아도 나도 예전 우리 목욕탕이 그리웠어. 작고 아담해도 단골손님도 있고, 정이 넘쳤었지. 이건 건물만 크다뿐이지 손님들과 정이 오가지 않으니……."

그렇게 김씨 부부는 예전 자신들이 운영하던 초록때수건 사우나를 다시 운영하게 되었다.

초록때수건 사우나는 비록 건물은 작고 손님들은 많지 않았지만 목욕 마니아들이 몰려드는 그런 작은 목욕탕이었다.

"어머, 주인아저씨 아주머니! 돌아오셨네요. 요 1년간 안 보이시더니 어디 두 분 여행이라도 다녀오셨어요?"

"하하, 인생 여행 좀 다녀왔습니다. 오늘도 이렇게 이용해 주셔서 감사합니다."

김씨는 기분 좋게 손님들을 맞이했다.

그런데 어느 날 저녁 어떤 아가씨가 목욕탕 앞에 와 주인 나오라며 바락바락 소리를 지르는 사건이 일어났다. 당황한 김씨 부부는 서둘러 뛰쳐나갔다.

"이거, 또 무슨 일이야? 설마 누가 우유탕에서 또 우유를 마신 건 아니겠지?"

김씨 부부는 새파랗게 질렸다.

"에이, 말도 안 돼요. 이 목욕탕에는 우유탕이 없잖아요. 도대체 무슨 일일까?"

김씨 부부가 뛰쳐나가 보니 곱게 단장한 한 아가씨가 고래고래 소리를 지르고 있는 게 아닌가!

"아니, 아가씨! 왜 남의 목욕탕 앞에서 소리를 지르고 그래요?"

"아저씨가 여기 목욕탕 주인이에요?"

"예, 그런데 아가씨는 누구세요?"

"전 여기 손님이에요. 제가 오늘 점심 때 맞선을 보기로 약속이 잡혀 있어서 아침에 이곳에서 목욕을 하고 갔어요. 하지만 거울이 탕 안에 있어서 거울에 긴 김 때문에 목욕을 마친 후에 제 모습을 비춰 볼 수가 없었어요. 그래서 거울을 제대로 보지 못하고 나갔는데, 글쎄 머리에 샴푸가 덕지덕지 남아 있었던 거예요. 머리에 샴푸 거품을 묻힌 채로 맞선 자리에 나가는 바람에 오늘 제가 얼마나 망신을 당했는지 아세요? 정말 속상해 죽겠어요. 어떻게 보상하실 거예요?"

"아니, 아가씨! 그건 아가씨가 꼼꼼히 제대로 안 살핀 탓이지, 그걸 저희 쪽에서 어떻게 보상합니까?"

"뭐라고요? 지금 보상 못하시겠단 말씀이세요? 그럼 법정에 가죠. 법정에 가서도 그렇게 말씀하실 수 있는지 한번 보겠어요."

"뭐라고요? 아가씨 맞선이 잘못 된 건 샴푸 탓이 아니라 아가씨 성격 탓인 것 같네요."

거울을 비눗물로 닦으면 거울 표면에 비눗물의 얇은 막이
생기면서 거울에 붙어 있던 물방울 분자들의 인력이 약해져
김이 사라진답니다.

여기는 **화학법정**

거울에 서린 김은 어떻게 하면 없어질까요?
화학법정에서 알아봅시다.

 재판을 시작하겠습니다. 원고 측 말씀하세요.

 목욕탕은 몸을 깨끗이 씻기 위해서 만들어진 공공시설 중 하나입니다. 물론 씻고 나서 깨끗해진 자신의 몸을 확인하기 위한 거울도 완벽하게 준비되어 있어야 합니다. 그런데 이번 일에서 보면 거울조차도 제대로 갖추어지지 않은 목욕탕 때문에 원고는 맞선에서 망신을 당하였습니다. 따라서 충분한 정신적 보상을 해 주어야 한다는 것이 저의 생각입니다.

 피고 측 변론하세요.

 저는 올바른 재판을 진행하기 위해 전국 목욕 협회 회장인 송타월 씨를 증인으로 요청합니다.

이마에서 광이 나는 한 대머리 사내가 증인석에 앉았다.

 거울에 왜 김이 서리는 거죠?

 따뜻한 물로 목욕을 하거나 샤워를 하면 증발된 물에 의해 거

울에 당연히 김이 서립니다.

그럼 왜 김이 서렸을 때 물로 씻어내도 다시 김이 서리는 겁니까?

목욕탕에 있는 거울은 깨끗해 보이지만 자세히 들여다보면 아주 더러운 물질들이 많이 달라붙어 있어요. 이들 물질 중에는 물에 녹지 않는 것들도 있기 때문에 작은 물방울이 계속 맺히게 되고 김이 서리게 되는 거랍니다.

그럼 어떻게 해야 김이 사라집니까?

비눗물을 이용하면 됩니다.

그건 왜죠?

비눗물로 거울을 닦으면 비눗물의 얇은 막이 거울에 생기면서 거울에 붙어 있는 물방울 분자들의 인력을 약하게 만들기 때문에 거울에서 김을 완전히 제거할 수 있는 거죠.

그렇군요. 이렇게 거울에 김이 서리는 것은 목욕탕에서 뜨거운 김이 올라오는 이상 어쩔 수 없는 일입니다. 따라서 목욕탕에서 쉽게 볼 수 있는 비누를 이용해 거울에 서린 김을 없애 준다면 오늘 같은 불상사는 다시 발생하지 않을 것이라 생각됩니다.

판결하겠습니다. 앞으로 김씨 부부는 목욕탕을 찾는 손님들이 어떤 불편 사항을 느끼고 있는지 항상 신경 쓰고 손님들을 위해 더 나은 서비스를 제공해야 할 것입니다. 또한 손님들도

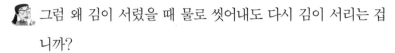

불편 사항이 있으면 바로바로 목욕탕 주인에게 문의하여 앞으로는 이런 불상사가 생기지 않기를 바랍니다. 이상으로 재판을 마치겠습니다.

그 후 초록때수건 사우나에서는 수시로 거울에 서린 김들을 확인하고 비눗물을 이용해 김을 닦아냈다. 그 밖에도 손님들의 불편사항을 자주 듣고 고쳐나갔다. 그리고 아가씨는 그 이후 초록때수건 사우나의 단골이 되어 열심히 때를 밀었고, 얼마 후에는 결혼에도 성공하였다.

 비누의 작용

비누 분자는 기름과도 친하고 물과도 친하다. 그러므로 비누로 기름기 있는 부분을 닦아 물로 씻어 내면 기름기 있는 부분이 비누 분자에 달라붙어 물 속으로 퍼지면서 제거된다.

시금치로 만든 세제

친환경 세제에는 어떤 종류가 있을까요?

사건속으로

"어머, 금촌댁! 그거 들었어? 글쎄, 이제부터 세제를 사용하면 안 된대."

"뭐라고요? 그럼 설거지를 그냥 물로만 해야 해요? 누가 그런 말을 해요?"

"이번에 환경 단체에서 그렇게 정했대. 우리 마을이 시범 마을이라던데? 휴, 우리만 죽어나는 거지 뭐. 이제 기름기 많은 접시는 어떻게 닦는담?"

금촌댁은 집으로 돌아와서 아이들에게 이 말을 전했다.

"똘이야, 똘순아! 이리 와 봐. 이제부터 설거지할 때 세제 쓰면 안 돼. 환경 단체에서 그렇게 법을 정했기 때문에 세제 쓰다가 들키면 벌금을 내야 해. 그러니까 이젠 세제 금지예요. 알겠니?"

똘이와 똘순이는 엄마를 위해서 곧잘 설거지를 도와주곤 했다. 엄마가 설거지를 하고 있으면, "엄마, 퐁퐁해? 그럼 난 헹굴게요"라며 옆에 와서 거들어 주곤 했다.

며칠 뒤 아침 식사를 하고 똘이가 말했다.

"엄마, 오늘의 설거지는 똘이 담당!"

"호호, 알았어. 오늘의 설거지는 똘이한테 부탁할게용."

똘이가 설거지를 다 하고 엄마한테 와서 안겼다.

"엄마, 똘이 설거지 다 했으니 '잘했어요' 상 주세요. 여기 수첩!"

엄마는 '잘했어요' 도장을 꾹 찍어 주었다.

"히히히, 이제 열 개만 더 모으면 닌텐도다!"

조금 있으려니 갑자기 까만 양복을 입은 사람들이 막무가내로 집에 들어왔다.

"어머, 누구세요?"

금촌댁의 물음에는 아랑곳없이 까만 양복을 입은 사람들은 부엌으로 들어가 싱크대와 수세미를 뒤적거리기 시작했다.

"역시, 오늘 아침에 세제를 쓰셨죠?"

"어머, 아니에요. 저희는 세제를 쓰지 않았어요. 아, 잠깐만요! 똘이야, 너 오늘 아침에 설거지할 때 세제 썼니?"

"아, 맞다! 제가 깜빡하고 세제를 썼어요."

"우리 아이가 깜빡 잊어버리고 실수로 그런 건데 한 번만 봐주세요. 이제 주의할게요."

"안 됩니다. 벌금 20만 원을 내셔야 합니다."

"뭐라고요? 20만 원이요? 이것 보세요!"

"예, 이것 실컷 보시고 20만 원 내십시오. 저희는 벌금을 받을 때까지 돌아갈 수가 없습니다."

금촌댁은 속상했지만 벌금을 낼 수밖에 없었다.

"여기 있어요, 썩 들고 나가세요!"

20만 원을 내밀자 까만 양복을 입은 사람들이 그걸 들고는 우르르 집 밖으로 나갔다.

"엄마, 미안해요. 내가 그만 깜박 잊고……."

금촌댁은 커다랗게 종이에 '세제 사용 금지'라고 써서 싱크대 앞에 붙였다.

"괜찮아, 다음부터 잊지 마. 대신 닌텐도는 물 건너 간 줄 알아."

그 말에 똘이의 얼굴은 울상이 되었다.

금촌댁은 속상한 마음으로 옆집을 찾았다.

"어머, 금촌댁! 어서 와."

"내가 오늘 무슨 일이 있었는지 알아요? 세상에, 우리 똘이가 설거지를 하는데 깜빡 잊고 세제를 썼지 뭐예요. 그런데 그걸 어떻게 알고 왔는지 감시원들이 금방 들이닥쳐선 벌금 20만 원을 내라는 거예요, 글쎄."

"어머, 똘이네 집에도 갔었어? 우리 집에도 왔었어. 나도 깜빡하고 세제를 썼는데 어떻게 귀신같이 알고는 찾아왔더라고. 그래서 벌금 주고는 너무 화가 나서 세제를 집어던져 버렸잖아!"

"우리 이럴 게 아니라 오늘 저녁에 반상회를 여는 게 어떨까요? 다른 집은 세제 대신에 뭘 써서 설거지하는지도 물어볼 겸."

"알았어. 그럼 오늘 저녁에 우리 집으로 와. 내가 사람들 모아 놓을게."

저녁을 먹고 금촌댁은 서둘러 옆집으로 갔다. 이미 많은 주민들이 모여 있었다. 다들 세제를 못 쓰게 되면서 생긴 애로 사항을 털어놓느라 입을 닫을 줄 몰랐다. 그때 마침 솔이 엄마가 들어오면서 말했다.

"늦어서 미안해. 장 좀 보고 오느라고. 그런데 자기들 오늘 마트에 가 봤어?"

"마트? 아니, 오늘은 안 갔는데 왜?"

"세상에, 마트에서 세제 대신 쓰라며 시금치 삶은 물을 팔고 있는 거 있지?"

"뭐야?"

"그런데 더 웃긴 건 그 통 뒷면을 보니까 원료가 생산된 곳이 환경 단체 회장인 뺑덕 회장 시금치밭이더라고."

모여 있던 아줌마들은 갑자기 큰소리로 웅성거리기 시작했다.

"이거 완전 비리 아냐? 자기네 이익 챙기려고 우리한테 세제를 사

용하지 못하게 해 놓고 자기 밭에서 키운 시금치를 삶아서 그 물을
세제 대신 팔다니! 화학법정에 뺑덕 회장을 고소해야겠어요."

세제는 계면 활성제 역할을 하는데, 계면 활성제는 물과 기름이
잘 섞일 수 있도록 해 줍니다. 세제 대신 시금치 삶은 물이나
쌀겨 등을 사용하면 환경 보호에 좋아요.

**시금치 삶은 물을 세제 대신
사용할 수 있을까요?**
화학법정에서 알아봅시다.

재판을 시작하겠습니다. 먼저 원고 측에서
변론해 주세요.

원고 측의 마을에서는 최근 세제를 사용해
서는 안 된다는 제도가 만들어졌습니다. 환경 단체에서 환경
을 보호하자는 취지로 만든 것이지요. 하지만 기름때가 많이
묻은 그릇을 설거지할 때는 세제 없이 물로만 씻을 수가 없습
니다. 환경을 보호하겠다고 세제를 못 쓰게 하다가 못 쓰는
그릇이 늘어나면 생활 쓰레기만 더 늘어날 게 분명합니다.

세제를 사용하지 못해서 그릇을 버릴 수밖에 없다는 것은 지
나친 비약 아닐까요?

흠흠, 하지만 더 중요한 것이 있습니다. 세제를 사용할 수 없
게 되자 사람들은 세제를 대신할 것들을 찾게 되었는데, 마트
에서 세제 대용으로 시금치 삶은 물을 판다고 합니다. 그런데
이 시금치 삶은 물의 원료는 환경 단체 회장의 밭에서 재배한
시금치였습니다. 이것은 분명히 환경 보호를 위한 것이 아니
라 세제 사용 금지를 통해 자신의 시금치를 팔아 이익을 보려
는 환경 단체 회장의 욕심을 보여 주는 것입니다. 따라서 세

제 사용 금지 제도를 폐지해 줄 것을 강력히 요청합니다.

피고 측 변론하십시오.

얼마 전까지 비누 회사의 임원이었던 비누팔아 씨를 증인으로 요청합니다.

호리호리한 체구의 한 여성이 증인석으로 나왔다.

설거지를 할 때나 빨래를 빨 때 세제를 사용하는 이유는 무엇입니까?

우리가 사용하는 세제들은 계면 활성제 역할을 합니다. 계면이란 물과 기름처럼 서로 섞이지 않아서 생기는 분리 면을 말하는 것인데요, 계면 활성제는 그 면이 분리되지 않고 잘 섞일 수 있도록 해 주는 역할을 합니다. 예를 들면 원래 물과 기름은 그냥 두면 섞이지 않지만 비누가 물 속에서 기름때를 섞이게 해 주는 것과 같은 것이죠.

그렇군요. 그런데 세제 대신 시금치 삶은 물을 사용하면 같은 효과가 있습니까?

네, 시금치 삶은 물은 수돗물보다 실이나 천에 침투하는 속도가 빠르고 거품의 지속 시간이 길어 기름때가 달라붙는 것을 막아 줄 뿐만 아니라 기름을 잘게 부수는 효과도 있습니다.

그 외에 세제 대신 사용할 수 있는 것에는 어떤 것들이 있나요?

쌀겨로 만든 비누를 사용하는 방법이 있습니다.

쌀겨로 비누를 만든다고요?

네, 쌀겨로 만든 비누는 시중에서 판매되는 비누보다도 세척력이 높은데, 그 이유는 침투력이나 계면 활성 작용이 더 강하기 때문이에요.

잘 알겠습니다. 판사님, 원고는 세제 없이 설거지를 하는 것은 어려운 일이라고 했지만, 세제가 아니더라도 세제의 대용으로 쓸 다른 것들이 많이 있습니다. 시금치 삶은 물도 그중 하나이지요. 그런데 단지 시금치 삶은 물의 원료가 환경 단체 회장의 시금치라고 해서 좋은 취지로 만든 제도를 폐지하자는 것은 옳지 않다고 생각합니다. 또한, 시금치 생산자가 환경 단체 회장이라는 이유로 피고를 자신의 이익만 챙기려 한 나쁜 사람이라고 매도한 것에 대해서 원고 측은 사과를 해야 한다고 생각합니다.

판결합니다. 세제를 사용하지 않고는 설거지를 하는 것이 힘들다고 했지만, 집에서 세제 대신 친환경 세제를 만들어 쓸 수 있는 방법은 얼마든지 있습니다. 시금치 삶은 물도 그중 하나였지만, 만약 원고 측에서 피고 측의 시금치 삶은 물이 꺼려진다면 다른 방법을 사용해도 좋습니다. 직접 쌀겨 비누를 만들어 사용하는 것도 좋은 방법인 것 같군요. 따라서 세제 사용 금지 제도를 폐지하는 것에 대한 요구는 기각합니다.

또한, 확실하지도 않은 사실로 피고에게 함부로 말한 것에 대해서 원고 측에서는 사과를 해야 할 것입니다. 이상으로 재판을 마치겠습니다.

재판이 끝난 후 마을 사람들은 환경 단체 회장에게 사과를 했다. 환경 단체 회장은 웃으며 사과를 받아 주었고, 사건 이후 마을 사람들은 각자 자신이 선택한 방법으로 친환경 세제를 만들어 사용했다. 그 후 세제 없이 일상생활을 하는 것이 가능하다는 것을 보여 준 성공적인 사례로 이 마을이 뉴스에 나오게 되었고, 한동안 친환경 마을로 유명세를 탔다.

 친환경 세제

세제의 원리는 기름과 물을 섞어 주는 계면 활성의 효과를 이용한 것이다. 그러므로 이런 효과가 있는 것이라면 모두 세제로 사용할 수 있는데, 이중 천연 성분으로 만들어 수질 오염을 줄이는 역할을 하는 세제를 친환경 세제라고 부른다.

과산화수소가 치아 미백제라고요?

과산화수소로만 이를 닦으면 어떻게 될까요?

최미백 씨는 김태휘가 울고 갈 예쁜 얼굴과 팔등신
의 늘씬한 몸매를 자랑하는 여대생이다. 하지만 신
은 공평하다는 말이 맞는 건지 최미백 씨에게도 콤
플렉스가 있었다. 그것은 바로 누런 그녀의 치아였다. 어릴 때 제
대로 관리를 해 주지 않아 예쁜 외모와는 다르게 크게 웃으면 입안
가득 누런 치아가 보였다.

"미백이는~ 옥수수래요~ 웃으면 옥수수가 보인데요~!"

어릴 때부터 누런 치아 때문에 친구들로부터 놀림의 대상이 되
었던 최미백 씨는 새하얀 치아를 가지는 게 소원이었다. 어느 날

최미백 씨가 찜질방에 갔다.

"오랜만에 왔으니 그동안 밀린 때를 몽땅 밀고 가야지. 헤헤!"

게을러서 양치질조차 잘 하지 않는 그녀이기에 목욕탕에도 1년에 한 번 정도 올까 말까 했다. 이날도 큰맘 먹고 찜질방에 온 최미백 씨는 오자마자 때밀이 아주머니를 찾았다.

"혼자 밀기에는 때가 너무 많이 나올 것 같아서요. 전문가의 손길이 필요할 것 같네요."

최미백 씨는 탈의실에서 음료수를 마시고 있던 때밀이 아주머니 다밀어 씨에게 때를 밀어 달라고 부탁했고, 다밀어 씨는 그렇게 해 주겠노라고 했다. 최미백 씨는 때를 밀기 위해 준비되어 있는 긴 침대에 누웠다. 그리고 다밀어 씨는 때밀이 수건을 손에 돌돌 말고 전문가의 모습으로 나타났다.

"살살 밀어 주세요."

최미백 씨는 당부의 말을 잊지 않았고, 다밀어 씨도 지루해 할 것 같은 최미백 씨에게 몇 마디 건네면서 천천히 때를 밀었다.

"어머, 아가씨! 치아가 너무 고르다."

찜질방 안의 조명이 그렇게 밝지 않았기 때문에 최미백 씨의 누런 치아보다는 고른 치아를 먼저 발견한 것이다. 근데 다밀어 씨가 칭찬하는 말에 크게 웃던 최미백 씨는 그만 누런 치아를 다밀어 씨에게 모두 보여 주고 말았다.

"치아만 가지런하면 뭐해요. 하얗지가 않으니깐 소용없네요."

최미백 씨는 크게 웃던 입을 다시 의식적으로 다물고 어쩔 수 없다는 듯 말했다. 누런 치아 때문에 아예 입을 벌리기 싫은 건 물론이고 마음 놓고 웃을 수도 없는 자신의 처지가 가여워 최미백 씨는 다시 한번 고개를 푹 숙였다.

"그래도 치아가 가지런하면 얼마나 보기 좋은데. 아! 나에게 좋은 방법이 있어."

다밀어 씨는 밀고 있던 최미백 씨의 왼쪽 팔에 물을 한 바가지 뿌리면서 갑자기 소리치는 바람에 그 물이 최미백 씨 얼굴에까지 뿌려졌다. 최미백 씨는 갑자기 코에 들어온 물 때문에 잠시 기침을 하고서는 좋은 방법이란 소리에 다밀어 씨를 쳐다봤다.

"좋은 방법이요?"

"그래, 내가 이빨을 하얗게 해 줄게."

다밀어 씨는 자신 있다는 표정으로 최미백 씨를 쳐다봤다. 최미백 씨는 이빨만 하얗게 만들어 준다면 무슨 일이라도 하리라는 생각을 갖고 있었기 때문에 당장에 다밀어 씨에게 부탁했다. 다밀어 씨도 자신의 숨은 능력을 발휘할 수 있다는 생각에 기뻐하며 탈의실로 달려갔다. 그리고 정체 모를 액체가 담긴 조그만 병 하나를 가져왔다.

"이게 과산화수소인데, 이걸 조금 묻혀 주면 이빨이 하얘진다니깐."

최미백 씨는 이빨이 하얘진다는 말에 눈동자를 빛내며 과산화수소를 쳐다봤다.

"저것이 나의 구세주란 말이지?"

다밀어 씨는 최미백 씨에게 누우라고 하고 이빨에 과산화수소를 묻히기 시작했다. 최미백 씨는 곧 자신 있는 하얀 치아를 가지게 될 거라는 기대감에 과산화수소가 더 잘 묻도록 입을 쫙 벌렸다. 입을 오래 벌리고 있는 게 조금 힘들었던 최미백 씨가 최대한 입을 움직이지 않으면서 말했다.

"아이 머러어여?"

"응? 아직 멀었냐고? 조금만 더 하면 돼. 조금만 참아."

용케 최미백 씨의 말을 알아들은 다밀어 씨는 조금만 기다리라고 말해 놓고 마무리 작업을 했다. 다밀어 씨는 원래 직업인 때밀이보다 더 열심히 정신을 집중해서 하고 있었다. 그리고 다밀어 씨가 과산화수소로 이빨을 희게 만들자마자 최미백 씨는 거울 앞에 앉아 자신의 치아를 확인했다.

"어머, 정말 이빨이 하얘졌어요."

최미백 씨는 거울에 비친 자신의 하얀 치아를 보고 몹시 기뻐하며 못 믿겠다는 듯이 말했다. 그리고 치아에 대한 자신감을 되찾은 최미백 씨는 가지런하고 하얀 이빨이 보이도록 활짝 웃으면서 말했다.

"아주머니, 정말 고맙습니다!"

"이제 때밀이 그만하고 이 길로 나갈까 봐. 호호호!"

다밀어 씨와 최미백 씨는 크게 웃었다. 최미백 씨는 하얀 치아를 몇 번이나 다시 확인하고는 아직 때를 다 밀지도 않았는데 대충 씻고 밖으로 나갔다.

"이제 세상에 내 하얗고 고른 치아를 보여 주는 거야. 앞으로 양치질도 꼭 제때 해야지."

최미백 씨는 웃으면서 집으로 돌아왔고, 양치질도 꼬박꼬박 잘하고 하루에 몇 번이나 거울을 보면서 뿌듯해했다. 그러나 찜질방에 다녀온 며칠 후 최미백 씨의 몸에 이상 신호가 나타났다.

"이 상태로는 안 됩니다. 입원을 하셔야 합니다."

무심코 간 병원에서 입원을 해야 한다고 말할 정도였다. 결국 최미백 씨는 아는 사람들에게 하얀 치아를 몇 번 보이지도 못한 채 병원에 입원하게 되었다.

병실 침대에 누워 자신이 무엇 때문에 아픈지 최미백 씨는 다시 곰곰이 생각해 보았다. 음식을 잘못 먹은 것도 없고 별다른 행동을 한 것도 아니었기 때문에 원인을 찾기란 쉬운 일이 아니었다.

"아, 그래! 저번에 과산화수소를 이용해서 내 이빨을 희게 한 적이 있었지."

최미백 씨는 몸에 갑자기 이상이 온 것이 분명히 그때 때밀이 아주머니 때문이라고 생각했다. 그것 말고는 달리 의심할 것이 없었기 때문이다. 최미백 씨는 병실에서 바로 찜질방으로 전화를 걸어 다밀어 씨와 통화를 하게 됐다.

"아주머니, 아주머니 때문에 제가 병원에 입원해 있어요."

최미백 씨는 다밀어 씨에게 다짜고짜 따졌다.

"무슨 말이야?"

"저번에 과산화수소로 제 이빨 희게 해 주셨잖아요. 그것 때문에 지금 제가 병원에 와 있다고요."

"어머, 이빨을 하얗게 해 줬다고 고맙다고 할 때는 언제고!"

다밀어 씨는 전화를 받으면서 며칠 전의 최미백 씨를 생각했다. 이빨이 하얘진 걸 보고서는 정말 고맙다며 손을 잡고 인사를 하고 갔던 예쁜 여자가 이제 와서 몸이 아픈 걸 자기 때문이라고 하니 답답할 노릇이었다.

"그때는 이렇게 아플 줄 몰랐죠. 아주머니 때문에 이렇게 됐는데 어떡하실 거예요?"

"그건 아가씨가 해 달라고 해서 한 거잖아."

"정말 이렇게 나오시기예요?"

결국 최미백 씨는 자기 책임이 아니라고 주장하는 다밀어 씨를 화학법정에 고소했다.

산화에 의한 표백 작용이 있어 이를 깨끗해 보이게 만드는 과산화수소는 치아 미백제뿐만 아니라 염색약이나 의약품을 만들 때도 사용됩니다.

과산화수소가 정말 치아를 희게 만들까요?
화학법정에서 알아봅시다.

 재판을 시작합니다. 먼저 피고 측 변론하세요.

 치아를 희게 만드는 제품을 치아 미백제라
부릅니다. 제가 조사한 바에 따르면 최근에
유통되는 치아 미백제에는 모두 과산화수소가 포함되어 있습
니다. 그러므로 다밀어 씨가 최미백 씨의 치아를 희게 만들기
위해 과산화수소를 사용한 것은 아무 잘못이 없다는 것이 저
의 주장입니다.

 원고 측 변론하세요.

 치아 연구소의 이빠리 소장을 증인으로 요청합니다.

앞니가 생쥐처럼 심하게 튀어나온 30대의 남자가 증
인석에 앉았다.

 증인이 하는 일은 뭐죠?

 치아 연구입니다.

 치아는 원래 흰 거 아닌가요? 그런데 굳이 희게 할 필요가 있
나요?

치아의 가장 바깥 부분은 에나멜 층으로 되어 있습니다. 에나멜 층은 본래 흰색이지만 이곳에 음식물 찌꺼기가 붙거나 충치가 생기면 어두워집니다. 그러므로 양치질을 해서 이 표면에 붙은 물질들을 제거해 줘야 하는 것이지요. 하지만 이 방법만 가지고는 깨끗하고 흰 치아를 만드는 데 한계가 있습니다. 때문에 사람들이 치아 미백제를 사용하는 거랍니다.

치아 미백제에는 과산화수소가 들어 있나요?

그렇습니다. 치아 미백제는 과산화수소 성분을 포함하고 있습니다. 과산화수소는 표백 작용이 있는 물질로 치아 미백제뿐만 아니라 염색약이나 의약품을 만들 때도 사용됩니다. 과산화수소는 이의 표면을 산화시켜서 이가 깨끗하게 보이도록 해 주는 역할을 하지요.

그런데 왜 과산화수소로 치아를 닦은 최미백 씨는 부작용이 생긴 거죠?

과산화수소의 양이 지나치게 많아지면 치아가 예민해지거나 잇몸에 염증이 생겨 피가 나게 되고, 심하면 위에서 출혈이 일어나면서 구토를 일으킬 수도 있습니다. 때문에 과산화수소로만 치아를 닦는 것은 매우 위험합니다.

그렇군요. 판사님, 판결을 부탁드립니다.

판결합니다. 다시 한 번 '약은 약사에게, 진료는 의사에게' 라는 말이 생각나는군요. 의료 자격도 없는 때밀이 아주머니에

게 자신의 소중한 치아를 맡긴다는 것은 너무나 어리석은 짓
이라고 생각합니다. 그러므로 이번 사건은 두 사람 모두에게
과실이 있다고 판결하며, 이상으로 재판을 마치겠습니다.

재판이 끝난 후 과학공화국의 화학위생과에서는 과산화수소를
이용하여 불법으로 치아 미백을 해 주는 사람들을 전원 구속했다.

 치약

치약에는 거품을 만드는 발포제와 치아를 닦게 하는 마모제가 들어 있다. 마모제의 작은 입자들은
양치질을 하는 동안 치아의 표면과 마찰을 일으켜 에나멜 층에 붙어 있는 오염 물질을 제거하여 치
아를 희게 만든다.

과학성적 끌어올리기

비누

비누를 처음 사용한 사람은 지금으로부터 약 5천 년 전 바빌로니아 사람들이라고 합니다. 그런데 바빌로니아 사람들은 비누를 때를 벗기기 위해 사용한 것이 아니라 피부에 생긴 병을 치료하기 위해서 사용했어요. 많은 병들이 피부를 통해 감염되는데 바빌로니아 사람들은 이를 예방하는 한 방법으로 비누를 사용한 거죠. 비누가 지금처럼 때를 벗기는 데 사용된 것은 중세 시대 이후부터입니다.

비누는 재미있는 성질을 가지고 있어요. 비누 분자의 한쪽은 물을 좋아하고 다른 한쪽은 기름을 좋아한답니다. 이러한 비누의 성질이 때를 벗길 수 있게 해 줍니다. 비누를 물에 녹이면 비누 분자는 물 분자들 사이에 끼어들어 물 분자들끼리 서로 잡아당기는 힘을 약하게 만듭니다. 그로 인해 물 분자들은 서로 떨어져 나가 세탁물이나 피부의 때 사이에 골고루 퍼지게 됩니다. 그 다음 비누 분자의 한쪽은 피부의 때나 세탁물의 아래로 들어가 이들을 떼어내어 피부나 세탁물을 깨끗하게 만들어 주는 역할을 합니다.

우리가 사용하는 물 중에 비누가 때를 잘 씻어 내지 못하도록 하는 물도 있습니다. 지하수와 같은 센물이 그것인데, 센물 속에는 보통의 물과 달리 칼슘이 많이 들어 있습니다. 센물에 비누를 풀면 비누 분자가 옷의 때에 달라붙기 전에 이 칼슘에 먼저 달라붙어 세탁력이 떨어지게 된답니다.

과학성적 끌어올리기

염색과 파마

머리카락은 매끈해 보이지만 자세히 관찰해 보면 울퉁불퉁한 껍질 모양입니다. 머리카락의 겉은 생선의 비늘 모양이고 그 안쪽은 여러 겹의 껍질이 말려 있는데, 이 부분을 큐티클 층이라고 부릅니다.

염색이란 큐티클 층 안으로 염색약을 묻히는 과정으로, 먼저 암모니아를 이용하여 비늘 부분을 들뜨게 한 후 염료와 과산화수소를 그 안으로 들어가게 합니다. 과산화수소가 머리카락을 검게 해 주는 멜라닌 색소를 파괴하여 탈색시키면 염료가 그 안에 침투하여 원하는 색깔을 만들어낸답니다.

그럼 파마는 어떤 원리일까요? 머리카락은 케라틴이라는 단백질로 이루어져 있습니다. 케라틴은 시스틴이라는 아미노산을 많이 가지고 있는데, 평상시 시스틴은 황과 황이 나란히 연결되어 있는 구조를 가지고 있어 머리카락의 곧은 모양을 만들어 줍니다. 그런데 파마 약을 쓰면 수소가 황과 황 사이로 들어가 황과 황 사이의 결합을 약하게 하면서 머리카락의 모양을 변하게 만든답니다.

제2장

음식에 관한 사건

껌 – 흐물흐물한 껌

초콜릿 – 민트 초콜릿

두부 – 대형 두부 주사위 소동

계란 – 흰자가 반숙인 계란 요리

미오글로빈 – 피를 뺀 조기

흐물흐물한 껌

껌은 고무덩어리인데 먹어도 괜찮을까요?

과학 마을에는 세계에서 제일 큰 껌 공장이 하나 있다. 불어불어껌 공장은 밤낮 쉴 새 없이 언제나 기계를 돌린다. 그리고 신기하게도 그 공장은 보통 다른 공장들과 같이 건물색이 회색이 아니라 진달래꽃 같은 분홍 색이었으며, 마을 사람 누구도 그 불어불어껌 공장을 운영하는 사장님을 알지 못했다. 마을 사람들은 모두 공장에 대해서 궁금해 했다.

그런데 어느 날 이 껌 공장에서 현수막을 내걸고 이벤트 광고를 실시하였다.

저희 불어불어껌 공장이 창립 20주년을 맞아 이벤트를 실시합니다. 저희 껌 포장지 안에 들어 있는 황금박쥐를 발견하시는 두 분에게 저희 공장 견학과 함께 신제품을 가장 먼저 맛볼 수 있는 행운을 드리겠습니다. 또한 견학 후 집에 돌아가실 때 저희 제품을 가지고 가실 수 있는 만큼 선물로 드리겠습니다.

마을 사람들은 그 광고를 보자마자 슈퍼마켓으로 달려가 껌을 몇 통씩 사기 시작했다. 마을의 한 부자는 한 슈퍼에 있는 껌을 다 사버렸다.

드디어 한 명의 행운아가 탄생했다. 기자들은 그 행운의 당첨자에게 몰려가 인터뷰를 했다.

"이번에 불어불어껌 공장 이벤트의 첫 번째 주인공이 되셨다고 들었습니다. 간단한 본인 소개 부탁드립니다."

"호호, 안녕하세요? 저는 서른네 살 노처녀 풍선껌이라고 해요. 저는 껌을 너무 좋아해서 하루 종일 껌을 씹고 있답니다. 지금도 제가 껌 씹고 있는 거 보이시죠? 그런데 저는 원래 껌을 하나 씹으면 정말 오래 씹는답니다. 호호, 원래 이번 이벤트가 시작되기 전까지 전 4년 가까이 같은 껌을 씹었어요. 그런데 이벤트 광고를 보고 하는 수 없이 새 껌을 사 씹었답니다. 호호!"

"4년 가까이 어떻게 같은 껌을 씹을 수 있죠? 밥은 안 먹습니까? 물은 마시지 않나요?"

"당연히 저도 사람인데 밥도 먹고 물도 마시죠. 하지만 그럴 때는 귀 뒤에 잠시 붙여 놓아요. 호호, 밥 먹고 나면 다시 또 떼어내 씹는 거죠."

"욱, 더러워."

순간 기자들의 얼굴이 일그러지며 서둘러 인터뷰를 마치고 너도 나도 화장실로 뛰어갔다.

이제 다음에 당첨될 두 번째 행운의 주인공에게 관심이 모아졌다. 과연 누가 두 번째 행운의 주인공이 될 것인가? 마을 사람들뿐만 아니라 세계의 관심이 이 이벤트에 모아졌다.

며칠 뒤 두 번째 주인공이 탄생했다. 두 번째 행운의 주인공은 불어불어껌 공장의 라이벌인 씹어씹어껌 공장 나욕심 사장이었다. 라이벌이었지만 황금박쥐를 발견한 사람에게 기회를 주기로 했으니 어쩔 수 없는 일이었다. 그는 불어불어껌 공장의 이벤트 소식을 듣고선 드디어 비밀을 파헤칠 기회라고 생각하며, 마을 슈퍼에 있는 불어불어껌을 모조리 사들였다. 그리고 자기 껌 공장 직원들에게 잠시 동안 생산을 중단하고 껌 껍질을 벗기라고 시켰다. 그리고 2주 만에 드디어 황금박쥐를 찾아낸 것이다.

그렇게 두 명의 행운아가 불어불어껌 공장에 견학을 가게 되었다. 공장 안은 알록달록한 색으로 꾸며져 있었다. 풍선껌 양과 나욕심 사장은 공장 내부의 화려한 모습에 정신이 빠져 있었다. 그때 그동안 베일에 가려져 있었던 불어불어껌 공장 사장이 나타났다.

그는 열 살 정도밖에 안 된 어린아이였다.

"으하하하, 행운의 주인공들! 어서 오세요. 이쪽이 4년간 같은 껌을 씹었다는 풍선껌 양이죠? 만나서 반갑습니다. 그리고 이쪽이 우리의 라이벌 씹어씹어껌 공장의 나욕심 사장님이시죠? 저는 불어불어껌 공장의 사장 꺼미라고 합니다."

"앗, 이런 나의 정체를 알고 있었다니! 그래, 나는 씹어씹어껌 공장의 나욕심 사장이다. 내가 당신네 공장 비밀을 다 파헤쳐 버리겠어. 이히히, 그런데 어떻게 당신이 사장일 수 있지? 지금 이 공장은 20주년 행사를 하고 있는 거잖아."

"몇 년 전 선대 사장이셨던 저희 할아버지가 돌아가시고, 그 이후부터 제가 공장을 맡았습니다. 훗, 아무튼 따라오시죠."

첫 번째 방으로 들어가니 온갖 과일과 음식, 그리고 밥 등 먹을거리가 잔뜩 놓여 있었다.

그리고 꺼미 사장은 껌 하나를 내밀었다.

"씹어 보시죠. 이 껌은 우리 식사를 대신할 만한 모든 영양가를 함축해 놓은 껌입니다. 이제 끼니때마다 식사하실 필요가 없습니다. 번거로운 식사 대신 이 껌 하나만 씹으시면 생활하는 데 아무 문제가 없을 겁니다."

풍선껌 양이 얼른 그 껌을 받아 씹었다.

"어머, 정말 처음에는 밥맛이 나고, 그 다음엔 국? 그리고 이건 쇠고기 볶음, 꽁치구이, 신선한 야채들……. 어머, 맛이 계속 바뀌네요. 정말 놀라워요. 나중엔 과일 맛까지……."

"자, 그럼 두 번째 방으로 가실까요?"

풍선검 양과 나욕심 사장은 호기심에 찬 얼굴로 꺼미 사장을 따라 두 번째 방으로 들어갔다.

"헉, 이게 무엇입니까?"

"이건 세상에서 제일 큰 껌입니다. 단체로 껌이 필요하실 때 이걸 사서 조금씩 떼어 씹는 겁니다."

그 껌은 너무나도 커서 방 안을 가득 채우고 있었다.

"아니, 이걸 시중에 어떻게 파실 생각이십니까?"

"후후, 그게 고민이에요. 그래서 아직 못 팔고 있지 않습니까? 아, 저기 우리 신제품이 있군요. 한번 보시겠어요? 며칠 뒤부터 시장에 판매될 상품입니다. 여러분들이 가장 먼저 맛보는 영광을 누리게 되는군요. 이건 얇은 과자에 껌을 싸서 만든 제품입니다. 한번 맛보시겠습니까?"

나욕심 사장은 꺼미 사장의 말이 끝나기도 전에 껌을 입안에 넣고 우물거렸다. 그리고 웃으면서 커다란 목소리로 말했다.

"역시! 이젠 너희 불어불어껌 공장도 끝이야. 껌이 이렇게 흐물흐물 녹는 것을 보니 오래된 원료를 사용한 모양이지? 과자에 붙여서 탄로 나지 않게 할 작정이었겠지만 나를 속일 순 없지. 으하하, 풍선검 양! 어디 한번 씹어 봐요."

풍선검 양은 얼른 건네받았다.

"얇은 과자에 껌을 입혔네. 모양은 참 예쁜데, 어디 한번…… 어머, 나욕심 사장님 말처럼 정말 껌이 너무 흐물흐물하네요."

"그렇지? 흐흐, 꺼미 사장! 당신 이제 끝장이야. 오래된 원료를 사용하다니! 당장 고소해 버리겠어."

껌은 고무나무에서 만들어지는 천연 치클과 소르바 등을 원료로
만든 고무 덩어리입니다. 고무는 열을 받거나 기름기를 만나면
흐물흐물해지는 성질이 있어요.

과자와 함께 껌을 씹었을 때 껌이 왜 흐물흐물해질까요?
화학법정에서 알아봅시다.

 재판을 시작하겠습니다. 피고 측 말씀하세요.

 그동안 불어불어 껌공장에서는 고객들의 기호에 따라 맛있는 껌을 생산해 왔고, 이번 역시도 고객들의 입맛에 맞춰 과자와 껌을 함께 맛볼 수 있게 하기 위해 과자를 첨가한 껌을 만들었을 뿐입니다. 껌이 흐물흐물해진 것은 오래 씹거나 침의 분비가 많아 그렇게 된 것으로 보이며, 과자와 껌을 함께 묶어 만든 것은 기발한 아이디어라 생각됩니다.

 원고 측 변론하시죠.

 껌 공장에서 오랫동안 근무하셨던 검불어 씨를 증인으로 요청합니다.

머리카락이 꼭 껌에 엉킨 듯이 엉망인 남자가 증인석에 앉았다.

 증인은 껌 공장에서 얼마 동안이나 일하셨죠?

 약 10년 정도 일하였습니다.

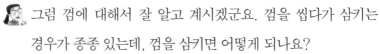

그럼 껌에 대해서 잘 알고 계시겠군요. 껌을 씹다가 삼키는 경우가 종종 있는데, 껌을 삼키면 어떻게 되나요?

우스갯소리로 뭐 껌을 씹다가 잘못 넘어가면 호흡 곤란으로 죽을 수도 있다고들 하는데 사실 그렇지는 않고요. 목에 무리를 주기 때문에 약간은 불편할 수 있고, 심하면 목이 부을 수도 있습니다. 그러나 다른 기관에 붙는다고 해도 나중에 들어오는 음식물과 함께 내려가는 경우가 대부분이기 때문에 껌을 삼켰다고 해도 너무 겁먹을 필요는 없습니다. 다만 껌을 씹을 때는 가급적 눕거나 엎드리지 말고 바른 자세로 앉아 씹는 것이 좋습니다.

껌을 오래 씹으면 흐물흐물해집니까?

오래 씹으면 흐물흐물해지기는 하죠.

그렇군요. 껌은 어떻게 만들어집니까?

껌은 고무나무에서 만들어지는 천연 치클과 소르바 등을 원료로 하여 만듭니다. 한마디로 고무 덩어리죠.

고무를 먹는다는 건가요?

먹을 수 있는 고무입니다. 여기에 여러 가지 맛과 향을 내는 향료를 섞어 만들면 여러 종류의 껌이 만들어집니다. 복숭아 맛 향료를 섞으면 복숭아 맛 껌이 되고, 사과 맛 향을 넣으면 사과 맛 껌이 되지요.

그럼 껌을 과자와 함께 씹으면 왜 흐물흐물해지는 겁니까?

 껌은 기름기를 만나면 흐물흐물해집니다. 과자에는 기름기를 가진 성분이 들어 있지요. 그래서 흐물흐물해지는 겁니다.

 그 이유는 뭐죠?

 고무는 열을 받거나 지방을 만나면 흐물흐물해지고, 반대로 열을 빼앗겨 차가워지면 단단해지는 성질이 있어요.

 우리가 흔히 씹게 되는 껌이 고무라고 생각하면 조금 이상한 느낌이 들 수 있을 겁니다. 하지만 생각지도 못한 것에서 맛도 향기도 좋은, 거기다 치아까지 건강하게 해 준다는 껌을 만들어 낼 수 있다는 사실에 놀랐습니다. 껌에 대한 지식을 넓혀 불어불어껌 공장에서는 앞으로도 맛있고 향 좋은 껌들을 많이 만들어 냈으면 합니다.

 판결합니다. 껌과 과자를 함께 먹었을 때 껌이 흐물흐물해지는 것이 건강에 나쁘거나 치아에 나쁜 영향을 미치지는 않습니다. 그러나 껌을 씹었을 때 느낌이 불쾌하므로 소비자에게 판매하는 것은 무리라 생각됩니다. 불어불어껌 공장에서는 좀더 연구하고 개발하여 더 좋은 껌을 만들었으면 합니다. 이상으로 재판을 마치겠습니다.

 껌의 유래

껌은 300년경 마야족이 치클을 씹으며 즐기는 습관으로부터 유래되었다. 그 후 1860년경부터 멕시코의 아나, 미국의 애덤스와 콜건 등에 의해 사탕이나 향료 등이 들어간 껌이 개발되었다.

그 이후 불어불어껌 공장은 야채 껌, 과일 껌 등 영양가 높은 껌
들을 만들어 판매함으로써 높은 매출을 올렸으며, 몇 년 뒤에는 씹
어씹어껌 공장과의 기술 제휴를 통해 세계적으로 유명한 껌 공장
이 되었다.

민트 초콜릿

과연 시원한 초콜릿이 이 세상에 있을까요?

사건 속으로

"이봐, 이 대리! 왜 오늘 아침 회의에 참석 안 했
나?"

"어이쿠, 사장님! 죄송합니다. 제가 아침 7시에 알
람을 맞춰 놓고 잤는데 세상에, 일어나 보니 알람시계가 박살이 나
있지 뭐예요?"

"뭐야? 허, 이 사람이 자다가 알람 울리니까 집어던진 모양이네.
자네 때문에 회의가 내일 아침으로 미뤄졌으니까 내일은 절대 늦
지 않도록 해. 알았나?"

"예, 주의하겠습니다."

이 대리는 잠이 많은 편이다. 그래서 회사에 지각하지 않으려고 자기 전 알람을 꼭 맞춰 놓고 잔다. 그런데 가끔 너무 곤히 잘 때는 알람 소리를 듣지 못할 때가 많다. 가끔은 오늘처럼 잠결에 시계를 집어던져 버리는 경우도 있다.

"휴, 오늘까지 합치면 도대체 시계를 몇 개째 부순 거지? 어이쿠, 돈 아까워라. 그런데 내일도 지각하면 이거 사장님 볼 면목이 없겠는걸. 안 되겠다. 이왕 사는 거 알람시계를 왕창 사서 한꺼번에 맞춰 놓아야겠어. 그래야 하나를 던져 박살이 나더라도 다른 건 울릴 거 아냐. 거참, 누구 아들인지 머리 하난 좋단 말이야."

퇴근하는 길에 이 대리는 시계방에 들렀다.

"아저씨, 저기 젖소 시계랑 호랑이 시계, 그리고 어디 보자. 옳지, 저기 황금박쥐 시계랑 앵무새 시계 모두 다 주세요. 다 알람 기능 있는 거죠? 히히, 내일 아침엔 우리 집이 무슨 동물원 같겠는걸."

"아니, 이 많은 걸 다 사시게요? 어디 선물하세요?"

"아뇨, 저 쓸려고요."

시계방 주인은 아주 잠깐 당황한 얼굴이었지만 어쨌든 시계를 많이 사 가니 좋아하며 얼른 포장해 주었다. 이 대리는 시계를 한 아름 안고 집으로 가면서 '내일은 결코 늦잠을 자지 않으리라' 굳게 다짐했다.

그 다음 날 아침, 이 대리는 또 지각을 하는 바람에 사장님께 불려갔다.

"죄송합니다, 정말 면목이 없습니다."

"아니, 이 대리! 어제는 알람시계가 부서졌다고 하니 이해는 하겠네. 그럼 오늘은 도대체 왜 지각이야? 이 대리 때문에 회의 또 못한 거 알아, 몰라?"

"아이쿠, 사장님! 정말 죄송합니다. 실은 오늘은 절대 늦잠 자지 않으려고 알람시계를 다섯 개나 맞춰 놓았는데, 아침에 눈을 떠 보니 알람이 울리질 않은 거예요. 그래서 이상하다 싶어서 시계를 살펴봤더니 건전지를 안 넣고 알람만 맞춰 놓는 바람에……."

"이런 멍청이를 봤나. 어휴, 오늘 아침에도 당신 때문에 회의 못했으니까 지금 당장 회의 준비해요. 신통찮은 의견 내놓으면 정말 가만히 안 둘 거야!"

이 대리는 서둘러 회의장으로 갔다.

"자, 이번 회의 주제는 '여름에 시원한 디저트로 어떤 것을 내놓는 게 좋을까?' 하는 거예요. 여름하면 먼저 떠오르는 게 뭐가 있을까요?"

"그거야 당연 아이스크림 아닙니까? 시원한 디저트로는 아이스크림, 팥빙수, 화채 이런 게 있지 않습니까?"

"그렇지! 하지만 이제 여름철의 시원한 디저트가 아이스크림이라는 인식을 바꿔보는 것도 좋을 거 같아. 그런 게 뭐가 있을까? 이대리, 뭐 참신한 의견 없나?"

"저어 사장님, 민트 초콜릿 어떨까요?"

"뭐, 민트 초콜릿? 초콜릿이 어떻게 시원한 여름 디저트가 될 수 있겠어?"

"그게 아니라 쑥덕쑥덕……."

"오, 오랜만에 기발한 생각인데? 좋았어! 그럼 이 대리 말대로 민트 초콜릿으로 한번 시도해 보지. 이 대리가 책임지고 한번 진행해 봐."

자신의 의견이 통과되자 이 대리는 뛸 듯이 기뻤다.

'히히, 이게 웬일이야? 이거 잘만 통과하면 보너스 준다고 했는데, 아싸!'

이 대리는 며칠 밤을 지새우며 연구에 몰두했다.

"어떻게 사람들에게 여름을 대표하는 디저트로 민트 초콜릿을 생각나게 만들까? 그래, 가장 중요한 건 홍보야. '홍보' 하면 사람들의 머릿속에 무의식적으로 파고드는 것은……, 그래! 광고야."

이 대리는 얼른 광고 회사로 뛰어갔다.

"안녕하세요? 이번에 저희 회사에서 여름 디저트로 새로운 제품을 선보이게 되었습니다. '민트 초콜릿'이라는 제품인데, 사람들 인식에 팍팍 남도록 기막힌 광고 좀 부탁드립니다."

그때 마침 기존 여름 디저트 시장에서 아이스크림으로 압승을 거둔 회사가 자기 회사의 광고를 만들기 위해 광고 회사에 와 있었다.

"뭐라고? 민트 초콜릿? 이거 얼른 우리 사장님께 알려 드려야겠군. 자칫 방심하다간 우리가 당할지도 몰라."

이 사실을 모른 채 이 대리는 신이 나서 광고 기획을 짜며, 콘셉트에 대해 의논을 했다.

그때 갑자기 어떤 사람들이 이 대리 앞을 가로막았다.

"혹시 민트 초콜릿을 기획하신 이 대리님 되시나요?"

"예, 그렇습니다만 누구시죠?"

"저희는 경찰 쪽에서 나왔습니다. 이 대리님께서 허위 과장 광고를 만든다는 신고가 들어왔습니다. 초콜릿이 여름을 시원하게 해 준다고 하셨다면서요? 어떻게 초콜릿이 시원하게 해 줄 수가 있죠? 같이 법정으로 가시죠."

이렇게 하여 이 대리는 화학법정에 서게 되었다.

멘톨은 차가움을 느끼는 세포에 작용하는데, 멘톨이 포함된 민트를
먹으면 입안의 체온이 평소와 같은데도 시원한 느낌이 듭니다.

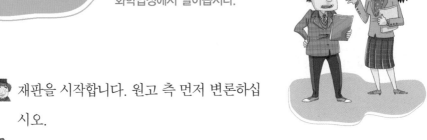

더운 여름날 시원함을 느끼게 해 줄
초콜릿이 있을까요?
화학법정에서 알아봅시다.

재판을 시작합니다. 원고 측 먼저 변론하십

시오.

피고는 새로운 여름 디저트로 민트 초콜릿

을 대대적으로 홍보하려고 했습니다. 초콜릿이 어떻게 아이

스크림이나 팥빙수처럼 시원함을 줄 수 있습니까? 초콜릿으

로 시원함을 준다는 광고는 허위 광고가 확실합니다. 따라서

허위 광고를 하려는 피고에게 잘못이 있습니다.

피고 측 변론하십시오.

초콜릿이 시원함을 만들 수는 없습니다. 그러나 피고가 여름

디저트로 제시한 초콜릿은 그냥 초콜릿이 아니라 민트 초콜

릿이었습니다. 민트 초콜릿이 시원한 맛이 난다는 것을 증명

하기 위해 명문대학교 화학 교수이신 신기한 씨를 증인으로

요청합니다.

알이 두꺼운 큰 안경을 쓴 한 남자가 증인석으로 나

왔다.

증인은 민트 초콜릿을 여름 디저트로 사용할 수 있다고 생각하십니까?

괜찮은 생각인 것 같네요. 민트 초콜릿은 시원한 맛이 나니까요.

민트 초콜릿이 왜 시원한 맛이 나는지 설명하실 수 있습니까?

대부분의 초콜릿은 성분 중 반 정도가 코코아 버터입니다.

코코아 버터가 뭐죠?

코코아 버터는 코코아의 주성분으로 지방 성분입니다. 하지만 이 버터는 우리가 흔히 먹는 우유 버터와는 달리 조성이 매우 단순합니다. 다시 말해 코코아 버터는 여러 종류의 지방산으로 구성된 우유 버터와 달리 두세 종류의 지방산으로만 구성되어 있어요. 그리고 코코아 버터는 가열하면 33℃에서 고체에서 액체로 변하지요.

그게 시원함과 무슨 상관이 있나요?

고체에서 액체로 녹을 때는 주위에서 열을 흡수합니다. 그러니까 코코아 버터는 우리 몸의 체온 정도에서 액체로 변하면서 열을 빼앗아가지요. 열을 빼앗긴 몸은 온도가 내려가 조금 시원해질 수 있구요.

민트는 어떤 역할을 하나요?

민트향은 페퍼민트 오일에서 나는데, 이 오일의 주성분이 멘톨입니다. 멘톨은 사람의 몸속에서 온도에 반응하는 세포에 작용합니다. 특히 멘톨은 차가움을 느끼는 세포에 작용합니

다. 그래서 아주 작은 양의 멘톨만 있어도 차가움을 느끼는
세포는 평상시 차다고 느끼는 온도보다 좀더 높은 온도에서
차가움을 느끼게 됩니다. 그래서 멘톨이 있으면 사물이 실제
보다 더 차갑게 느껴집니다. 멘톨이 포함된 민트를 먹으면 입
안의 체온이 평소와 같은데도 시원한 느낌이 드는 것입니다.

그렇군요. 판사님, 증인의 증언에서 알 수 있듯이 민트 초콜
릿에는 멘톨이 들어 있어 시원함을 느낄 수 있습니다. 시원함
을 느낄 수 있으니 민트 초콜릿은 여름 디저트로 안성맞춤이
지 않습니까?

그렇네요. 민트 초콜릿이라, 저도 한번 먹어보고 싶군요. 원
고는 피고가 허위 광고를 했다고 했지만 민트 초콜릿은 아이
스크림이나 팥빙수처럼 시원함을 느낄 수 있게 해 줌을 알게
되었습니다. 그러므로 피고는 민트 초콜릿을 여름 디저트로
사용할 수 있습니다. 이상으로 재판을 마치겠습니다.

재판이 끝난 후 이 대리의 의견대로 여름 디저트로 민트 초콜릿
이 판매되었고, 그해 여름은 팥빙수 대신 민트 초콜릿이 붐을 일으
켰다.

융해

고체가 액체로 변하는 것을 '녹음', 또는 '융해'라고 부른다. 이때 고체는 주위로부터 열을 빼앗아
가는데, 이 열을 융해열이라고 하며, 얼음 1g의 융해열은 80cal(칼로리)이다.

대형 두부 주사위 소동

초대형 두부를 만들 수 없는 이유는 무엇일까요?

두부를 좋아하는 사람들이 모여 만든 모임이 있었다. 두사모라고 불리는 이 모임의 회원들은 두부 요리를 좋아하는 것은 물론 두부를 직접 만들어 먹는 사람, 그리고 두부로 마사지를 하는 사람들까지, 여러 방면에서 두부를 좋아하는 사람들이 모인 모임이었다. 그리고 어느덧 두사모가 생긴 지 1년이 다 되어 기념행사를 하게 되었다.

"우리 두사모가 생긴 지 벌써 1년이란 시간이 지났습니다."

두사모의 회장인 콩비지 씨가 일주일에 한 번씩 열리는 정기 모임에서 회원들에게 말했다. 콩비지 씨는 무엇보다 된장찌개에 들어간 두부가 좋아서 이 모임에 처음 들어왔다가 회장까지 맡게 되었다.

"여러분, 두사모 1주년 기념 이벤트가 다음 주에 있을 예정입니다. 모두 참석해 주시기 바랍니다."

회장 콩비지 씨는 감격적인 1주년을 그냥 넘어갈 수가 없어서 기념하는 자리를 따로 만들고 싶었다. 그래서 대대적인 기념 이벤트를 열 생각이었다. 두사모 회원은 물론 다른 동호회 사람들과도 좀더 자유롭게 두부 이야기를 할 수 있는 자리를 만들고 싶었던 것이다. 그런데 그때 회원들 중에서 하얀좋아 씨가 손을 번쩍 들었다.

"이벤트라면 색다른 뭔가가 한 가지는 있어야 사람들의 시선을 사로잡을 수 있지 않을까요?"

하얀좋아 씨는 알아주는 이색 두부 요리사였다. 보통 집에서 만들어 먹는 두부 요리만이 아니라 직접 시행착오를 거쳐 새롭고 다양한 두부 요리를 계속 개발한 요리사이다. 그래서 이번 기념행사 음식으로 마련할 뷔페는 진작부터 하얀좋아 씨가 맡기로 되어 있었다. 그런데 1주년 기념답게 뭔가 색다른 게 더 필요하다는 제안을 하고 있다.

"좋은 아이디어가 있으면 말씀해 주십시오. 반영하겠습니다."

콩비지 씨는 좋은 생각이라며 회원들로부터 아이디어를 받기로 했다. 그러나 회원들은 하나같이 머릿속에 떠오르는 아이디어가 없는지 서로의 얼굴만 빤히 쳐다보고 있었다. 그때 하얀좋아 씨가 다시 손을 들었다.

"참석하는 많은 사람들에게 두부를 알리기 위해서 두부 주사위 같은 걸 만들면 어떨까요?"

"두부 주사위면 그냥 두부를 조각내서 자르면 그만 아닙니까? 그게 무슨 의미가 있다는 거죠?"

하얀좋아 씨가 말을 마치자마자 다른 회원들의 의견이 나왔다. 마파두부에 들어가는 것처럼 두부를 조각내서 보여 주는 게 특별하게 느껴지지 않아서였다. 하지만 하얀좋아 씨는 이미 더 재밌고 특별한 것을 생각 중이었다.

"물론 그렇게 하면 마파두부 전시밖에 안 되는 거겠죠. 제 말은 크게 해 보자는 겁니다. 어른 키보다 더 큰 두부 주사위를 이용한 이벤트요. 그러면 참석한 많은 사람들의 눈에 쉽게 띌 테고 자연스레 두부에 대한 관심을 이끌어 낼 수 있을 테니 재밌기도 하겠죠?"

그때서야 사람들은 고개를 끄덕이며 좋은 생각이라며 박수를 쳤다. 그 모습을 본 콩비지 씨도 회원들의 반응을 보고 뷔페 자리에 두부 주사위를 전시하기로 마음먹었다.

"모두 동의하시는 것 같네요. 그러면 사람보다 큰 두부 주사위를 전시하겠습니다."

콩비지 씨는 회의가 끝나자마자 두부 공장에 전화를 걸었다. 직접 만들기는 무리인 것 같아서 전문가가 있는 두부 공장에 부탁하기 위해서였다.

"두부 주문을 하려고 하는데요."

"네, 몇 모 주문하시게요?"

"두께 2m 정도의 두부 주사위를 만들어 주시겠습니까?"

콩비지 씨가 두부 주사위 얘기를 하자 두부 공장 사장인 한모더 씨는 놀랐는지 잠시 말을 멈췄다. 그리고 생각을 조금 하고 나서 콩비지 씨에게 말했다.

"음, 어려운 주문이긴 하지만 할 수 있는 데까지 만들어 보겠습니다."

이렇게 해서 콩비지 씨는 두부 주사위를 주문하고 1주년 기념 모임을 하나하나 준비해 나갔다. 그리고 시간이 지나고 두사모 1주년 기념의 날이 밝았다. 조그마한 모임의 기념행사이긴 하지만 콩사모, 된장사모 회원들을 포함하여 많은 사람들이 참석했다.

"김치사모 회장님, 와 주셔서 정말 감사합니다."

"두사모 1주년 기념행사인데 오고말고요. 그리고 여기 오면 아주 큰 두부 주사위를 볼 수 있다는 소식을 들었거든요."

"그럼요. 앞으로도 많은 지원 부탁드립니다."

콩비지 씨는 행사장을 돌아다니면서 일일이 찾아온 사람들에게 감사 인사를 했다. 그러나 아직 두부 주사위가 도착하지 않았다는 것이 계속 마음에 걸렸다. 물론 사람들 앞에 나중에 등장시킬 거라 시간적인 여유는 조금 있었지만 아직 행사장에 도착조차 하지 않은 게 콩비지 씨는 걱정이 되었다. 그리고 시간이 흘러 드디어 행사가 시작되고, 두부 주사위 공개의 시간이 다가왔다.

"두사모 1주년 기념행사에 이렇게 많은 분들이 와 주셔서 정말 가슴이 벅차네요. 그러면 이제 여러분께서 기다리고 기다리시던 대형 두부 주사위를 공개하겠습니다."

사회자는 많은 사람들이 기다리고 있는 대형 두부 주사위를 소개했다. 하지만 문 쪽에서는 아무 미동도 보이지 않았다. 사회자가 다시 불러 봤지만 문에서는 두부 한 모도 보이지 않았다. 그러자 사람들이 웅성거리기 시작했다.

"왜 안 나오는 거지? 설마 아직 도착하지 않은 건가?"

회장 콩비지 씨는 이 이벤트의 핵심인 대형 두부 주사위가 나오지 않자 불안한 마음에 대기실 쪽으로 가 보았다. 하지만 당황하며 어쩔 줄 몰라 하는 회원들이 아직 두부 주사위가 도착하지 않았다는 말을 전했다. 결국 콩비지 씨는 이벤트 장에 들어가서 기다리고 있던 사람들에게 말했다.

"죄송합니다. 두부 주사위가 아직 도착하지 않았다고 합니다. 여러분께서 기다리고 계시는 대형 두부 주사위는 다음 기회에 선보이도록 하겠습니다."

콩비지 씨가 사과를 하자 사람들 모두 실망 섞인 목소리로 한마디씩 했다.

"대형 두부 주사위를 보려고 일부러 온 건데, 괜히 사람들 모으려고 거짓말한 거 아니야?"

"괜히 기대했다가 실망만 했네."

행사장에 왔던 사람들은 각자 불만의 목소리를 터뜨리며 모두 빠져나갔고, 텅 빈 행사장은 고요하기만 했다. 콩비지 씨가 기대했던 즐겁고 흥겨운 1주년 기념 이벤트는 결국 엉망이 되어 버렸다.

몹시 화가 난 콩비지 씨는 곧바로 두부 공장에 전화를 했다.

"대형 두부 주사위는 어떻게 된 건가요?"

"아, 그게 저희가 아무리 노력해도 그런 두부가 만들어지지 않아서⋯⋯."

"그것 때문에 저희 이벤트가 엉망이 됐잖아요."

콩비지 씨는 잔뜩 화난 목소리로 한모더 씨에게 따졌지만 한모더 씨는 어쩔 수 없었다는 말만 되풀이할 뿐이었다.

"저희가 노력을 얼마나 했는데요. 두부 주사위를 만들려고 하다가 버린 두부만 해도 엄청난데, 해도 안 되는 걸 어떡합니까!"

도리어 한모더 씨가 콩비지 씨에게 화를 내었고, 결국 콩비지 씨는 한모더 씨를 화학법정에 고소했다.

두께가 2m인 두부를 만들 경우 두부 밑바닥은 보통 두부의 40배에 이르는 압력을 받게 됩니다. 두부를 쌓을 수 있는 높이는 60cm가 최대라고 합니다.

초대형 두부를 만들 수 있을까요?
화학법정에서 알아봅시다.

🧑 재판을 시작합니다. 먼저 원고 측 변론하세요.

🧑 두부는 직육면체 모양으로 만듭니다. 그리

고 작게도 만들 수 있고 크게도 만들 수 있

어요. 그러므로 콩비지 씨의 주문을 받아 초대형 두부를 만들

기로 했다면 그 약속을 지켰어야지요. 그런데 한모더 씨가 기

술이 부족해서 못 만들었으므로 피고인 한모더 씨는 콩비지

씨에게 손해 배상을 해야 한다고 생각합니다.

🧑 피고 측 변론하세요.

🧑 두부 전문가인 나두부 박사를 증인으로 요청합니다.

　머리가 두부 모양으로 네모반듯하게 생긴 40대 남자

가 증인석에 앉았다.

🧑 증인은 두부에 대해 많은 연구를 한 걸로 아는데요.

🧑 네, 사실입니다.

🧑 그럼 두께가 2m인 초대형 두부를 만들 수 있나요?

🧑 그건 불가능합니다.

 그 이유는 뭐죠?

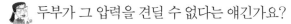 보통의 두부는 두께가 5cm 정도입니다. 그런데 두께가 2m인 두부를 만들면 무게 때문에 두부 밑바닥은 보통의 두부보다 40배에 이르는 압력을 더 받게 되지요.

 두부가 그 압력을 견딜 수 없다는 얘긴가요?

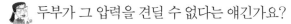 그렇습니다. 두부는 압축에 대한 강도가 작아서 1m도 쌓기 전에 아래쪽이 붕괴됩니다. 연구에 의하면 두부를 쌓을 수 있는 높이는 60cm가 최대라고 합니다. 푹신푹신한 이불도 여러 장을 쌓으면 아래쪽 이불은 눌려 납작하게 되어 버립니다. 이불의 경우는 얇아질 뿐이지만 두부는 그렇게 얇아질 수 없기 때문에 부서지는 거지요.

 그렇군요. 명쾌한 증언을 해 주셔서 감사합니다.

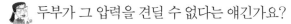 그럼 판결하겠습니다. 모든 주문은 제작 가능한 품목이어야 합니다. 그러므로 콩비지 씨가 이번에 주문했던 초대형 두부 제작은 애초부터 과학적으로 불가능한 것이었으므로 두부 공장 측에서는 손해 배상할 의무가 없다고 판결합니다. 이상으로 재판을 마치겠습니다.

 강도

단단한 정도로, 어떤 재료에 무게가 가해질 경우 재료가 파괴되기 전까지의 버티는 힘을 그 재료의 강도라고 한다. 강도에는 압축 강도, 굽힘 강도, 비틀림 강도 등이 있고, 압축 강도는 위나 아래, 옆에서 압력을 가할 때 견디는 힘이다.

　재판이 끝난 후 콩비지 씨와 한모더 씨는 서로 화해를 했고, 결국 한 변의 길이가 60cm인 두부 주사위를 만들어 이벤트 행사를 다시 하게 되었다.

흰자가 반숙인 계란 요리

흰자는 반숙, 노른자는 완숙이 되게 계란을 삶을 수 있을까요?

계란 요리 마니아인 계란녀 양이 있었다. 계란녀 양은 결혼할 나이가 되었지만 아직 남자 한번 사귀어 보지 않은 노처녀였다. 어떤 일이든지 자신의 뜻대로 되지 않으면 무조건 나서서 바꾸려는 그녀의 성격 때문에 주위에 있던 남자들이 질려 도망치기 일쑤였다. 그런 계란녀 양을 안타깝게 보고 있던 친구가 소개팅 자리를 주선하였다. 그리고 소개팅 장소는 계란녀 양이 자주 가는 계란 레스토랑으로 정했다.

"내가 어렵게 마련한 자리니까 이번에는 고집 피우지 말고 얌전하게 만나고 와."

"고집이라니! 어쨌든 소개팅 주선해 줘서 고맙다. 다음에 맛있는 밥 살게."

"그래, 나도 이번 해가 가기 전에 국수 좀 먹어보자. 소개팅 잘해."

계란녀 양은 소개팅을 주선한 친구와 전화를 하면서 계란 레스토랑 안으로 들어갔다. 거기에는 이미 소개팅을 하기로 한 남자인 소심남이 앉아 있었다. 사진을 본 적은 없지만 잘 차려 입은 남자가 혼자 앉아 있는 테이블은 그 테이블뿐이었기 때문에 한눈에 알아볼 수 있었다.

"안녕하세요?"

"아, 계란녀 씨? 네, 여기 앉으세요."

계란녀 양은 이번 소개팅은 꼭 성공시켜야 한다는 생각에 친구의 말처럼 얌전하게 행동하기로 했다.

"저는 주로 집에 있으면 십자수를 뜨면서 시간을 보내요."

사실 어제도 텔레비전으로 최홍만이 나오는 K1을 보며 시간을 보냈던 계란녀 양이지만 눈도 깜짝하지 않고 내숭을 떨기 시작했다. 그리고 계란녀 양은 이미 준수하게 생긴 얼굴과 직접 의자를 빼 주던 소심남의 매너에 반해 좋아하는 마음이 생기기 시작했다. 그리고 소심남도 아름답고 얌전해 보이는 계란녀 양에게 어느 정도 호감을 가지게 되었다.

"주문하시겠습니까?"

계란녀 양과 소심남이 어느 정도 인사를 끝내고 이야기를 나누던 중에 웨이터가 메뉴판을 들고 다가왔다.

"아, 네. 저는 야채 과일 샐러드요."

"그것만 드셔도 되겠습니까?"

"네, 저는 그 정도만 먹어도 배가 부른걸요."

있는 내숭 없는 내숭 다 부리며 야채 과일 샐러드만 먹겠다고 말했다. 사실 계란녀 양은 소개팅이 끝난 후 얼른 집에 가서 양푼에 남은 밥으로 비빔밥을 해 먹을 생각이었다. 계란녀 양은 웨이터에게 얌전히 말했다.

"샐러드에 들어 있는 계란은 흰자는 반숙, 노른자는 완숙으로 해 주세요."

"네?"

"노른자는 덜 익으면 못 먹거든요. 대신 흰자는 부드럽게 먹고 싶어서요."

주문을 받아 적고 있던 웨이터는 어이가 없다는 표정으로 계란녀 양을 쳐다보다가 계란녀 양의 따가운 눈빛에 다시 주문을 받아 적고 주방장인 멋대로해 씨에게 주문 내역을 보여 주었다.

"흰자는 반숙, 노른자는 완숙으로?"

멋대로해 씨는 주문 내역을 보다가 이상한 부분을 발견했는지 다시 읽었다. 그리고 주문을 받아 온 웨이터를 불렀다.

"이거 흰자는 완숙, 노른자는 반숙을 잘못 적어 온 거 아냐?"

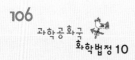

"아니에요, 제가 다시 물어봤어요. 주문에 적힌 그대로예요."

웨이터의 말을 들은 주방장 멋대로해 씨는 고개를 갸우뚱했다.

"어떻게 흰자를 반숙, 노른자를 완숙으로 해? 계란도 없이 샐러드를 낼 수는 없고 그냥 흰자 완숙, 노른자 반숙으로 내놓아야지."

결국 멋대로해 씨는 샐러드 위에 흰자는 완숙으로, 노른자는 반숙으로 익힌 계란을 올려놓았다.

웨이터는 주방장이 만든 샐러드를 들고 한창 화기애애한 말을 주고받고 있는 계란녀 양에게 갔다.

"주문하신 샐러드 나왔습니다. 맛있게 드십시오."

계란녀 양 앞에 샐러드가 담긴 접시가 살며시 내려졌고 입을 가리고 웃던 계란녀 양이 샐러드를 보며 말했다.

"저는 정말 이것만 먹어도 배불러요. 이 방울토마토를 보고만 있어도 벌써 배가 불러지는걸요? 오호호!"

"정말 계란녀 씨는 하늘에서 내려온 천사 같네요. 제가 꼭 보호해 드려야 할 만큼 연약하신 것 같고."

"아니에요, 제가 천사 같기는 하지만…… 오호호!"

분위기 좋은 두 사람은 서로를 칭찬하는 말을 주고받으며 서로에게 호감을 보이고 있었다.

드디어 계란녀 양이 샐러드를 먹기 위해 포크를 가져가는 순간 양배추 위에 놓여 있는 반숙인 노른자와 완숙인 흰자 계란이 보였다. 그녀는 바로 웨이터를 불렀다.

"제가 분명히 계란 흰자는 반숙, 노른자는 완숙으로 해 달라고 했는데 요리가 잘못 나왔네요."

앞에 소심남 씨가 있다는 것을 의식하면서 계란녀 양은 웨이터에게 최대한 얌전하게 말했다. 그러나 웨이터는 주방장이 그렇게 했을 뿐 자신은 잘못이 없다는 무책임한 말만 할 뿐이었다. 계란녀 양은 소심남 씨가 마음에 쏙 들어 놓치기 싫었기 때문에 끝까지 얌전한 모습으로 속에서 끓어오르는 화를 누르며 말했다.

"그러면 주방장님 좀 불러 주실래요? 저는 제가 먹고 싶은 음식만 먹어서요."

웨이터는 얌전히 말하는 계란녀 양의 말 속에서 무언가 강한 느낌을 받았는지 겁먹은 표정으로 조리실로 가 주방장을 불렀다.

"주문이 많아 한창 바쁜데 왜 오라고 하는 거야!"

투덜대면서 주방장 멋대로해 씨가 계란녀 양이 있는 테이블로 왔다. 주방장이 도착했을 때 계란녀 양은 그만 끓어오르는 화를 참지 못하고 얌전했던 지금까지와는 전혀 다른 모습으로 말했다.

"제가 분명히 흰자를 반숙으로, 노른자를 완숙으로 해 달라고 했는데 이게 뭡니까?"

계란녀 양은 샐러드가 담긴 접시를 주방장에게 들이대며 큰소리로 말했다. 그리고 그 모습을 본 소심남 씨는 새로운 그녀의 모습에 다만 놀랄 뿐이었다.

"어떻게 흰자를 반숙으로, 노른자를 완숙으로 합니까? 노른자를 반숙으로, 흰자를 완숙으로 하는 게 정상 아닙니까?"

"그래도 손님이 원하는 대로 요리를 내놓아야 하는 거 아니에요?"

굽히지 않는 멋대로해 씨의 태도에 화가 머리끝까지 난 계란녀 양은 더 큰소리로 말했다. 그리고 그 사이에서 소심남 씨만이 놀라 멍하니 쳐다보고 있을 뿐이었다.

"이렇게 나오시면 저는 이 샐러드 값 못 냅니다."

"뭐요? 샐러드를 시켜놓고 그게 무슨 말입니까?"

"못 냅니다. 제가 원하는 음식이 나오지도 않았는데 제가 왜 음식 값을 냅니까?"

샐러드 값을 내지 않겠다고 말한 계란녀 양의 태도는 매우 강경했다. 그리고 그 모습에 멋대로해 씨는 당황할 수밖에 없었다. 도대체 불가능한 요리를 시켜놓고 이제 와서 음식 값을 내지 않겠다고 하니 주방장인 멋대로해 씨는 기가 찰 노릇이었다.

"계속 샐러드 값을 주실 수 없다고 하시면 저희도 가만히 있지 않겠습니다."

결국 주방장 멋대로해 씨는 음식 값을 내지 못하겠다는 계란녀 양을 화학법정에 고소했다.

흰자는 80℃, 노른자는 60~68℃에서 완전히 익습니다. 따라서 70℃를 유지하는 물속에 계란을 1시간 정도 넣어 두면 노른자는 완전히 익고, 흰자는 약간 불투명하게 살짝 익습니다.

흰자가 반숙인 삶은 계란을 만들 수 있을까요?
화학법정에서 알아봅시다.

 재판을 시작합니다. 먼저 원고 측 변론하세요.

 정말 말도 안 되는 억지이군요. 계란을 삶
을 때 15분 정도 삶으면 완숙이 되고, 7~8
분 정도 삶으면 반숙이 되는데 이때 반숙이 되는 부분은 노른
자 부분이라는 것은 누구나 다 아는 사실입니다. 그런데 흰자
가 반숙인 계란을 만들어 달라니요? 이건 해를 서쪽에서 뜨게
하라는 주문처럼 터무니없는 주문입니다. 그러므로 피고는
군소리 말고 샐러드 값을 내야 한다는 것이 본 변호사의 주장
입니다.

 피고 측 변론하세요.

 계란 연구소의 황금란 소장을 증인으로 요청합니다.

갸름한 타원형 얼굴에 계란처럼 얼굴이 하얀 40대의
여인이 증인석에 앉았다.

 먼저 반숙이 일어나는 원리를 알려 주세요.

 계란은 노른자와 흰자로 이루어져 있는데 흰자가 더 높은 온

도에서 익어요. 흰자는 80℃, 노른자는 60~68℃에서 완전히 익지요.

어라! 그러면 계란을 삶으면 노른자가 먼저 익어 고체가 되어야 하는 게 아닌가요?

그건 아닙니다. 끓고 있는 열탕 속에 계란을 넣으면 껍질의 외부는 100℃에 가깝다고 하더라도 속의 노른자는 중간에 흰자가 있어 열이 느리게 전달되어 바로 67℃에 이르지 않습니다. 그에 비하면 흰자는 껍질에 가까워 열이 더 빨리 전달되기 때문에 흰자가 먼저 익고 나중에 노른자가 익어 노른자 반숙이 가능한 것입니다.

그럼 흰자 반숙도 가능한가요?

물론이지요. 노른자가 익고 흰자가 반숙인 계란은 익는 온도의 차이를 잘 이용하면 됩니다. 즉 70℃ 정도를 유지하는 물속에 계란을 오랜 시간 동안 넣어 두면 되지요. 이 온도에서 시간이 충분히 흐르면 노른자는 모두 익어 단단해지고 흰자는 약간 익을 뿐이므로 결국 흰자 반숙이 만들어집니다. 실험을 해 보면 70℃ 정도를 유지하는 열탕에 1시간 이상 두면 노른자는 완전히 익고, 흰자는 약간 불투명하고 불어서 살짝 익은 상태가 됩니다.

그렇군요. 정말 가능한 것이군요.

판결합니다. 흰자 반숙이 과학적으로 가능하다는 사실이 놀

랍습니다. 그러므로 계란녀 양의 요구는 터무니없는 요구가 아니었다고 판결합니다. 이상으로 재판을 마치겠습니다.

재판이 끝난 후 멋대로해 씨는 황금란 소장의 설명대로 흰자 반숙 샐러드를 만들어 유명해지게 되었다.

달걀의 단백질

달걀에는 단백질이 많이 들어 있는데, 단백질이 열 등을 받으면 이 구조가 변하면서 원래의 기능을 잃는 현상을 단백질의 변성이라고 한다. 달걀을 삶으면 달걀 안에 있던 단백질들의 모양이 변하면서 서로 촘촘하게 엉기기 때문에 단단해지며, 투명하던 흰자위의 색이 하얗게 되는 것도 단백질이 변하기 때문이다. 달걀을 삶을 때 소금을 조금 넣으면 흰자위가 굳어져 달걀 껍데기가 터지지 않는데, 염기성을 띠는 소금이 단백질을 잘 굳게 해 주기 때문이다.

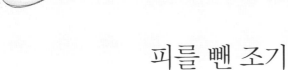

나는 운동했어 거어서 근육에 산소를 거장하는 미오글로빈이 거의 없기 때문이에요.

피를 뺀 조기

생선살이 흰 것은 피를 뺀 후에 판매를 하기 때문일까요?

사건속으로

호기심 많은 주부 물음표 씨는 회사 다니는 남편과 유치원생인 아들을 두고 있다. 보기에는 평범한 주부지만 물음표 씨의 유별난 호기심은 그녀를 특별하게 만들었다. 그녀의 호기심이 어느 정도인지는 다음 이야기를 들어 보면 고개를 끄덕일 것이다. 한번은 남편과 가까운 마트에 갔을 때였다.

"시금치가 다 떨어졌던데, 시금치 사러 가야겠어요."

물음표 씨는 채식주의자였기 때문에 마트에 가면 항상 집에 없는 야채부터 사는 것이 관례였다. 그래서 그때도 시금치부터 사기로 했다. 그런데 동네 슈퍼와는 달리 식품 관리가 철저한 대형 마트에서는 시금치를 냉장 보관하고 있었다. 선반에 놓인 시금치에 하얗고 시원한 연기를 쐬어 신선도를 유지하고 있었는데, 그런 것을 그냥 지나칠 물음표 씨가 아니었다.

"우와! 이거 정말 신기하네요."

물음표 씨는 자기가 시금치를 사러 여기에 왔다는 사실은 까맣게 잊은 채 어떻게 차갑고 뿌연 연기가 나올 수 있는지 하루 종일 관찰했다. 보다 못한 남편이 있는 말 없는 말로 어설픈 설명을 해주고 나서야 집으로 돌아왔다.

그녀는 그만큼 호기심이 많은 여자였다. 그러던 그녀에게 새로운 과제가 주어졌다.

"오늘 회사 사람들이 집으로 올 거야. 저녁 준비 좀 맛있게 해줘."

물음표 씨의 남편이 아침에 출근 준비를 하면서 갑작스럽게 말했다. 곧 있을 승진을 대비해 사람들에게 좋은 인상을 심어 주기 위해 집으로 회사 직원들을 초대한 것이다.

"갑자기 이렇게 알려주면 어떡해요."

여러 사람들이 먹을 저녁을 준비하는 것은 그리 간단한 일이 아니었다. 10인분 정도면 전날 식단을 짜고 아침부터 장을 보고 해야 겨우 저녁상을 차릴 수 있을 정도로 시간이 많이 걸리는 일이었다. 남편이 왜 진작 얘기해 주지 않았는지 원망스러웠다.

"미안, 어제 내가 깜빡 잊고 얘기를 못 해서. 그래도 준비해 줄수 있지?"

"어제 말해 줬으면 더 여유롭게 준비했을 텐데, 그래도 할 수 없죠. 준비해 놓을게요."

물음표 씨는 어쩔 수 없다며 오늘 하루 종일 저녁을 준비하기로 했다. 그때 남편이 당부의 말을 잊지 않았다.

"혹시 이번에도 채식 식단을 만들려고 생각하는 건 아니겠지?"

지난번에도 회사 사람들을 초대한 적이 있었는데 채식주의자인 물음표 씨는 자신의 식성대로 모두 나물 반찬만 준비했었다. 그래서 사람들이 적잖이 놀랐던 게 남편은 문득 생각난 것이다.

"알았어요. 이번에는 고기도 좀 구울게요."

물음표 씨는 잠시 뜨끔했지만 남편과 약속을 하면서 오늘은 고기도 사야겠다는 생각을 했다. 그렇게 당부를 해 놓고 가는 남편을 배웅하고서 물음표 씨는 저녁에 만들어야 할 음식 메뉴들을 정했다. 조금의 채식 식단과 서너 가지의 고기 음식을 하기로 하고 장을 보기 위해 시내에 있는 대형 마트에 갔다.

"역시 여전히 뿌옇고 시원한 연기가 나네."

지난번에 그렇게 관찰했던 시금치 칸이었지만 여전히 물음표 씨에게는 신기한 곳이었다. 물음표 씨는 야채 칸에서 오늘 만들 야채요리에 맞게 여러 야채를 고르고 있었다.

"당근은 이쯤만 사면 됐고, 호박이 어디 있더라?"

그렇게 이리저리 호박을 찾고 있을 때 멀리서 큰소리가 들렸다.

"생고기, 생고기가 한 근에 10달란, 흔치 않은 기회입니다. 방금 잡아 온 생고기 한 근에 10달란!"

멀리서 생고기 파격 세일을 외치는 소리였다. 물음표 씨가 소리 나는 곳을 쳐다보니 한 남자가 의자에 올라서서 손바닥을 치면서 사람들을 불러 모으고 있었다. 이미 그곳에는 많은 아주머니들이 서로 생고기를 사려고 치열한 경쟁 중이었다.

"10달란이면 정말 싼 거잖아? 오늘 손님도 많이 온다는데 고기는 저걸로 사야겠다."

물음표 씨가 소리 나는 곳으로 달려가려고 할 때 다른 소리가 다시 들렸다.

"생고기 옆에 있는 조기도 사세요. 잠시 죽은 척하고 있는 조기가 한 마리에 3달란, 죽은 게 아니라 잠시 죽은 척하고 있는 겁니다. 어서 와서 사 가세요!"

생고기와 함께 조기도 파격 세일을 하고 있었다. 저녁상에 생선도 올릴 생각이었던 물음표 씨는 조기도 사기로 마음먹었다. 물음표 씨는 사람들이 벌떼같이 몰려 있는 곳으로 달려가 사람들 사이를 얇은 몸으로 뚫고 들어갔다.

"내가 먼저 잡은 거야!"

"저 고기는 내 거야."

아주머니들이 서로 좋은 고기를 차지하려고 경쟁하는 틈을 타

비집고 들어가니 드디어 생고기와 조기가 보였다. 채식주의자인 물음표 씨는 직접 고기와 생선을 본 적이 없던 터라 이렇게 파는 것을 처음 보았다.

"어, 근데 생고기는 살이 빨갛고, 조기는 살이 하얗네?"

생고기는 이미 무게를 달아 비닐봉지에 담겨 있었고 조기는 반으로 갈라 소금을 뿌려서 한 마리씩 눕혀져 있었다. 그런데 정말 생고기는 딱 보기에도 빨간색이었고, 조기의 살은 하얀색이었다. 고기와 생선을 처음 보는 물음표 씨에게 이것은 신기할 수밖에 없었다.

"왜 다른 거지? 원래 살은 빨갛잖아. 그럼 혹시 조기에서 피를 다 뺀 건가?"

물음표 씨는 생각이 여기까지 미치자 이걸 가만히 두면 안 된다는 생각이 들었다. 생고기는 피를 그대로 두고 생선만 피를 빼서 파는 마트 측의 행동이 수상쩍다고 생각한 물음표 씨는 도저히 참을 수가 없었다.

"저기요, 이거 조기 상태가 이상해서 싸게 파는 거 아니에요?"

물음표 씨는 사람들을 모으고 있는 점원 싸게팔아 씨에게 따지듯 물었다. 싸게팔아 씨는 깜짝 놀라며 절대 아니라고 대답하였다. 하지만 그 상황에서 조기 상태가 이상해서 싸게 판다고 말할 바보는 없을 거라고 생각한 물음표 씨가 다시 물었다.

"그럼 왜 생선에 피를 뺀 거죠? 일부러 피를 빼서 싸게 팔려는 거 아니에요?"

"아니에요. 저희는 신선한 조기만 판매하고 있습니다."

"이상해요! 생고기는 멀쩡히 두고 생선만 피를 뺐잖아요."

그 말에 싸게팔아 씨는 당황했다. 어떻게 대답을 해야 할지 한참 생각해야 했다.

"원래 생선살은 흰색이잖아요."

"몸에 피가 없는 게 어디 있어요. 당신은 정말 거짓말쟁이로군요. 고객에게 피를 뺀 생선을 팔다니요."

이대로 보고 있을 수 없다고 생각한 물음표 씨가 불량 생선을 판다는 이유로 싸게팔아 씨를 화학법정에 고소했다.

미오글로빈과 헤모글로빈은 철을 포함하고 있기 때문에 붉게
보입니다. 쇠고기나 돼지고기가 붉은색인 이유는 근육 속에
미오글로빈이 있기 때문입니다.

쇠고기는 살이 붉은색인데
조기는 왜 흰색일까요?
화학법정에서 알아봅시다.

재판을 시작합니다. 먼저 원고 측 변론하세요.

이 문제는 저도 항상 의심하던 것이었어요. 쇠고기나 돼지고기를 사면 빨갛잖아요? 그건 피까지 포함되어 판매를 하기 때문이고, 생선 살이 하얀 건 생선의 피를 모두 빼서 다른 곳에 판매하기 때문이 아닐까요?

생선의 피가 어디에 쓰이는데요?

그건 모르죠. 어딘가 사용되니까 다 빼고 피 없는 생선만 손님에게 넘기는 거 아닐까요?

이의 있습니다. 지금 원고 측 변호인은 과학적 근거 없이 상상에 의해 피고의 인권을 모독하고 있습니다.

인정합니다. 원고 측 더 이상 할 얘기 없죠?

끙!

그럼 피고 측 변론하세요.

미오글로빈 연구소의 이미오 소장을 증인으로 요청합니다.

붉게 염색한 댕기머리를 한 30대 초반의 여성이 증인석으로 들어왔다.

저도 사실 궁금한데 왜 쇠고기는 피를 포함해 팔고 생선은 피를 빼고 파는 거죠?

생선과 쇠고기 모두 피를 빼고 판매합니다.

이상하군요. 그런데 왜 쇠고기는 붉은색이죠?

쇠고기의 붉은색은 피가 아니라 미오글로빈이라는 물질 때문에 붉게 보이는 것입니다.

미오글로빈이 뭐죠?

미오글로빈은 근육 자체에 산소를 저장하는 역할을 하는 단백질입니다. 갑작스럽게 운동을 하면 많은 산소가 필요한데, 이때 근육 속에 저장된 미오글로빈이 즉석에서 필요한 산소를 어느 정도 공급해 줍니다. 산소를 저장한다는 점에서 미오글로빈은 피 속에서 산소를 운반하는 헤모글로빈과 비슷합니다. 미오글로빈과 헤모글로빈은 모두 철을 포함하고 있기 때문에 붉게 보이는 거죠. 그래서 근육 속에 미오글로빈이 있는 쇠고기나 돼지고기가 붉게 보이는 것입니다.

그럼 물고기는 미오글로빈이 없나요?

물고기는 생활환경 자체가 육상 동물과는 다릅니다. 물에 둥둥 떠 있기 때문에 꾸준히 근육을 사용할 필요가 거의 없지요. 그리고 물고기는 아가미를 통해 쉽게 물에서 산소를 흡수할 수 있으므로 산소를 근육에 저장할 필요가 없습니다. 그러

므로 물고기의 근육에는 미오글로빈이 거의 포함되어 있지 않아 생선살에 붉은색이 안 나타나는 거지요.

 그렇군요. 그럼 판사님, 판결 부탁드립니다.

 생선살과 쇠고기의 색깔이 피 때문이 아니라 근육 속의 미오 글로빈 때문이라는 것이 명확해졌습니다. 그러므로 물음표 씨의 주장은 억지라고 판결합니다. 이상으로 재판을 마치겠 습니다.

재판이 끝난 후 물음표 씨는 싸게팔아 씨에게 진심으로 사과했 으며, 싸게팔아 씨의 가게 홍보에도 앞장섰다고 한다.

 우리가 먹는 고기의 색깔

우리가 보통 먹는 살코기는 동물의 근육 조직으로, 그 속에는 붉은색을 띠는 미오글로빈이 들어 있 다. 도살장에서 미리 피를 다 뺐음에도 불구하고 고기가 붉은색으로 보이는 것은 이 미오글로빈 때 문이다. 그리고 미오글로빈은 동물이 운동하는 방식에 따라 함량이 달라지는데, 닭고기나 돼지고기 색이 쇠고기보다 옅은 이유는 소에 비해 닭이나 돼지의 운동량이 적어 미오글로빈의 함량이 적기 때문이다.

냉장고의 원리

물질은 보통 고체, 액체, 기체 세 가지 상태로 있습니다. 물질의 상태는 온도에 의해 변화될 수 있는데, 고체에서 액체, 액체에서 기체로 되기 위해서는 열을 흡수해야 하고, 기체에서 액체, 액체에서 고체로 되기 위해서는 열을 내보내야 합니다. 예를 들어 얼음을 물로 만들고, 물을 수증기로 만들기 위해서는 열을 가해 주어야 하지만, 반대로 수증기를 물로, 물을 얼음으로 만들기 위해서는 열을 빼앗아 와야 한답니다.

에어컨이나 냉장고는 액체가 기체로 되면서 주변에 있는 열을 흡수하는 현상을 이용한 것입니다. 에어컨이나 냉장고 안에는 주위로부터 열을 빼앗아 온도를 낮춰 주는 물질인 냉매가 들어 있습니다.

냉장고 안에서는 처음에 액체 상태의 냉매를 아주 좁은 관을 통과시킨 후 조금씩 넓은 관 안으로 뿜어 냅니다. 이렇게 넓은 공간으로 뿜어져 나온 액체 상태의 냉매는 갑자기 압력이 낮아진 탓에 바로 기체가 되는데, 이때 주위로부터 열을 빼앗아 가게 됩니다. 그리고 이렇게 주위를 시원하게 만든 기체 상태의 냉매는 다시 압축기와 응축기를 거쳐 액체 상태로 되고, 이런 과정을 반복하면서 냉장고 안은 계속 시원하게 유지된답니다.

증발기

응축기

압축기

아하! 이런 구조이기 때문에 내 아이스크림을 차게 보관할 수 있는 거구나.

아~

제3장

일상생활에 관한 사건

발 냄새와 동전

과연 동전이 발 냄새를 없앨 수 있을까요?

지정성은 세 살 어린 동아리 후배 나미녀를 남몰래 좋아하고 있었다. 신입생 환영회 때 첫눈에 반해 1년이 넘게 혼자 가슴앓이를 했지만 좋아한다는 말은 입도 뻥긋하지 못했다. 왜냐하면 나미녀는 너무나도 예뻤고 동아리의 남학생들은 누구나 할 것 없이 나미녀를 마음에 품고 있었기 때문이다.

어느 날, 지정성의 동아리가 높아산으로 MT를 가게 되었다. 지정성은 나미녀의 마음에 들기 위해 나미녀에게 다가갔다.

"미녀야, 너 가방 어디 있니? 너무 무겁지? 선배가 들어 줄게. 이리 줘."

"어머? 제 가방이요? 아까 독고 선배가 들어 준다고 벌써 들고 갔는걸요."

그러자 미녀 옆에 있던 몬순이가 자기 가방을 지정성에게 주며 말했다.

"아싸! 그럼 선배, 제 가방 들어 주세요. 히히!"

"어이쿠, 뭐가 들었기에 이렇게 무겁니?"

"라면 열 개랑 만화책 잔뜩. 아, 맥주도 있어요. 히히!"

지정성은 낑낑거리며 몬순이의 가방을 들고 산으로 올라갔다.

어느덧 저녁이 되고 간단한 단합회가 마련됐다. 지정성이 살펴보니 여전히 나미녀 옆에는 많은 남자들이 들끓고 있었다.

"휴, 나는 낄 틈도 없군."

지정성은 한숨을 쉬며 밖으로 나왔다. 그리고 답답한 마음을 달래기 위해 그 주위를 조금씩 걸었다. 바로 그때였다.

"선배!"

지정성이 놀라서 고개를 들어 보니 나미녀였다.

"선배, 추운데 여기서 뭐 하세요?"

"아, 그냥 마음이 좀 답답해서 바람 쐬고 있었어. 그런데 넌 왜 나왔니?"

"사실은 선배한테 물어보고 싶은 게 있었어요. 선배, 혹시 몬순이 좋아해요?"

"뭐? 켁!"

지정성은 나미녀의 질문에 어이가 없어서 그 자리에서 벌러덩 뒤로 넘어졌다.

"선배, 괜찮아요?"

가까스로 정신을 차린 지정성은 나미녀에게 말했다.

"미녀야, 어디서 그런 말도 안 되는 소리를 하는 거야?"

"선배, 사실은 저 선배를 많이 좋아해요. 제가 이 동아리 처음 들어온 날 선배 보고 제 심장이 터지는 줄 알았어요."

지정성은 그 말에 놀라 어쩔 줄을 몰랐다.

"미녀야, 사실 나도 널 처음 본 순간부터 좋아했었단다. 내가 정말 좋아하는 사람은 바로 너야."

"선배……."

둘은 그렇게 서로의 마음을 알게 되었고 다음 날부터 지정성과 나미녀는 동아리 공식 커플 1호가 되었다. 많은 남자들이 지정성을 부러워하고 결투 신청까지 하는 등 해프닝이 있었지만 지정성과 나미녀는 꿋꿋하게 사랑을 지켰다.

"오빠, 오늘은 맛있는 거 뭐 사 줄 거야?"

어느새 나미녀는 호칭도 선배에서 오빠로 바꿔 불렀다.

"오늘? 오빠가 맛있는 고기 사 줄게. 우리 오늘 저녁에는 삼겹살 먹으러 가자."

"삼겹살? 너무 좋지."

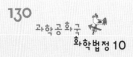

지정성과 나미녀는 쫄래쫄래 삼겹살 집 앞으로 갔다.

"우와, 사람이 많네. 미녀야, 이집 삼겹살이 그렇게 맛있대. 우리도 얼른 먹자. 신발은 벗어서 저기 신발장에 넣어 두고."

"오빠, 그냥 우리 딴 데 가요. 나 갑자기 삼겹살 먹기 싫어졌어."

"너, 저번에도 그러더니 왜 그렇게 변덕이 심하니?"

"사실 나 스파게티 너무 먹고 싶어서 그래."

지정성은 아까까지만 해도 삼겹살에 환호를 하던 미녀가 갑자기 변덕을 부리는 것을 이해할 수가 없었다.

"미녀야, 도대체 왜 그렇게 변덕을 부리니? 오빠가 어느 장단에 맞춰야 해?"

"오빠, 사실은…… 나 발 냄새가 너무 심해서 신발 벗고 들어가는 식당은 좀 그래요. 특히 저렇게 사람 많은 곳은 더 창피해."

"뭐? 발 냄새?"

지정성은 나미녀와 발 냄새는 너무 어울리지 않는다고 생각했다. 하지만 미녀의 당황하는 표정을 보니 마음이 아팠다. 미녀와 스파게티를 먹고 집으로 돌아온 후 지정성은 서둘러 컴퓨터를 켰다. 그리고 인터넷으로 '발 냄새 제거약'을 찾았다.

"옳지, 여기 있군. 이런 스탬프도 세 장이나 주잖아. 히히, 당일 배송이니까 내일이면 도착하겠네. 우리 미녀, 이제 발 냄새 신경 안 쓰고 마음껏 삼겹살 같이 먹으러 다닐 수 있겠군."

지정성은 그 다음 날 아침부터 택배가 오기만을 기다렸다.

"여기 지정성 씨 집입니까? 택배 왔습니다."

지정성은 후다닥 달려 나갔다. 그리고 택배 상자를 뜯어보았다.

"어라? 이게 뭐지?"

상자 안에 들어 있는 것은 구리로 만든 동전 모양의 엽전이었다.

"뭐야, 이걸 신발에 넣고 다니면 냄새 끝이라고? 이건 그냥 엽전이잖아. 에잇, 인터넷 사기꾼들 같으니라고! 오늘 미녀랑 삼겹살 먹으러 갈랬더니! 휴, 열 받아. 당장 이 사기꾼들을 고소해 버리겠어."

구리 이온은 세균의 번식을 억제하고 살균 작용을 하기 때문에,
신발에 동전을 넣어 두면 발 냄새를 효과적으로 없앨 수 있습니다.

여기는 **화학법정**

동전이 신발 냄새를 없앨 수 있나요?
화학법정에서 알아봅시다.

 재판을 시작합니다. 원고 측 변론해 주세요.

 원고는 여자 친구가 발 냄새로 고민을 하고
있자, 발 냄새를 제거하기 위한 '발 냄새 제
거약'을 구입했습니다. 그런데 피고 측에서는 약이 아닌 동전
모양의 엽전을 보냈습니다. 대체 그걸로 어떻게 발 냄새를 없
앨 수 있다는 겁니까? 동전을 가지고 다닌다고 발 냄새가 사
라진다면 동전보다는 수표가 훨씬 더 발 냄새를 잘 없앨 수
있겠군요? 웃기는구먼.

 피고 측 변론해 주세요.

 인근 중학교의 과학 교사인 최사이언스 씨를 증인으로 요청
합니다.

키가 큰 한 남자가 증인석으로 나왔다.

 발 냄새의 원인은 무엇입니까?

 발 냄새가 나는 이유는 땀 때문입니다. 손바닥 역시 땀이 나
긴 하지만 손에는 양말을 신거나 신발을 착용하지 않으므로

비교적 통풍이 잘 되는 편입니다. 그러나 발바닥은 양말과 신발 이 두 가지가 막고 있어 박테리아가 기생할 수 있는 최적의 환경이 조성됩니다. 우리가 흔히 발 냄새라 부르는 것은 박테리아가 먹고 남은 땀과 그 밖의 부산물들에서 나온 찌꺼기에서 발생하는 것입니다.

그렇군요. 발 냄새에 동전이 도움이 됩니까?

그렇습니다. 동전은 신발 속 냄새를 없애 줍니다.

어째서 그렇습니까? 이유를 설명해 주십시오.

우리나라의 동전에는 구리가 들어 있습니다. 이 구리가 신발 속의 냄새를 없애 주는 것이지요.

구리가 어떻게 냄새를 없애죠?

구리 이온이 세균의 번식을 억제하면서 살균 작용을 하기 때문입니다.

그렇군요. 그럼 동전을 넣으면 신발 속 냄새가 완전히 사라집니까?

물론 완전히 없어진다고 볼 수는 없습니다. 그러나 어느 정도 효과가 있는 것이 사실입니다. 실제로 신발 속에 동전을 넣어 신고 다니면서 효과를 보는 사람들도 있습니다.

그럼 동전은 10원짜리, 100원짜리 등이 구분 없이 다 똑같은 효과가 있는 것입니까?

우리나라 동전은 각각 성분이 조금씩 다릅니다. 500원짜리,

100원짜리, 50원짜리는 구리 75%, 니켈 25%가 들어가는 백동으로 만들어졌고, 10원짜리는 구리 48%, 알루미늄 52% (2005년 이전 구리 70%, 아연 18%, 니켈 12%)를 혼합하여 만듭니다. 그런데 이 중에서 500원짜리에 구리가 가장 많이 포함되어 있어 신발 냄새를 없애는 데 500원짜리가 가장 효과적이지요.

판사님, 이번 사건은 '발 냄새 제거약'을 주문한 원고가 약이 아닌 동전을 받고 난 후 동전이 발 냄새에 도움이 되지 않는다고 생각했기 때문에 일어난 사건입니다. 그러나 신발을 신을 때 동전을 넣고 신으면 신발 속 냄새 제거에 도움이 되기 때문에 발 냄새에도 도움이 됩니다. 따라서 피고는 원고에게 잘못된 상품을 판매한 것이 아님을 말씀드립니다.

판결합니다. 동전 속에 들어 있는 구리는 발 냄새의 원인이 되는 세균의 번식을 억제하는 효과가 있습니다. 그래서 동전을 신발 속에 넣어서 사용하면 신발 속의 냄새가 적어지는 데 도움을 줍니다. 결국 동전이 신발 속 냄새 제거에 도움이 된다는 것을 알았으므로 이번 사건은 해결이 된 것 같습니다. 원고는 피고가 준 동전으로 여자 친구의 발 냄새 제거에 도움을 주시기 바랍니다. 이상으로 재판을 마치겠습니다.

재판이 끝난 후 지정성 씨는 나미녀 씨에게 동전이 신발 속 냄새

제거에 도움이 된다는 것을 알려주었다. 나미녀 씨는 비록 조금 창피하기는 했지만 발 냄새가 난다고 말했는데도 전혀 거리낌 없이 자신을 아껴주는 지정성 씨의 사랑에 감동했다.

 구리

구리는 붉은 광택을 가진 비교적 무른 금속으로 쉽게 늘리거나 얇게 만들 수 있으며, 은 다음으로 열과 전기를 잘 통한다. 따라서 전선이나 전기 부품, 열을 전하는 재료에 많이 사용되며, 황동, 청동, 백동 등의 합금으로도 넓게 쓰인다. 구리는 자연계에 천연 상태로 얻기도 하지만 주로 휘동석, 황동석 등과 같은 광물에서 전기를 이용해 순수한 구리를 얻어낸다.

바닷물 식염수

바닷물로 콘택트렌즈를 세척할 수 있을까요?

"오빠, 이번 엄마 아빠 결혼기념일은 어떻게 해 드릴 거야?"

"이번에? 저번처럼 그냥 케이크랑 선물 사서 파티하면 안 되나?"

"오빠, 그건 안 돼. 이번에는 엄마 아빠 결혼 25주년이잖아. 이번에 우리가 제대로 챙겨 드리지 않으면 엄마 속상해서 내년 결혼기념일까지 맛있는 반찬 안 해 주면 어떡해?"

"하하, 맛있는 반찬? 어이구, 넌 그게 걱정이지?"

"아냐! 근데, 오빠 돈 얼마 있어? 난 이게 전 재산인데⋯⋯."

"애개개! 12,000원? 내 지갑 어디 있지? 아, 저기 있네. 오빠는 얼마 있을까요? 짜잔! 지갑 개봉 박두!"

"어라, 뭐야? 10,000원밖에 없어? 나보다 더 조금이잖아. 난 이번에 엄마 아빠 결혼 25주년 기념으로 바닷가 여행이라도 보내 드리려고 했는데, 이게 뭐야?"

"그래? 그럼 결혼기념일이 3일 뒤니까 우리 그때까지 열심히 돈 모아 보자. 너 요즘 시간 어때?"

"나? 대학교 방학 했으니까 한가하지 뭐. 우리 누가 3일 뒤에 돈을 더 많이 모아 오는지 내기하자."

형철이는 바로 집 밖으로 뛰쳐나갔다.

"흠흠, 3일 동안 아르바이트할 게 뭐 있지? 아, 놀이동산에서 인형 탈 쓰고 코스프레하는 아르바이트가 꽤 짭짤하고 단기간 근무도 가능하다던데 그거나 알아볼까?"

형철이는 놀이동산으로 갔다.

"저기, 인형 탈 쓰고 하는 아르바이트하러 왔는데 혹시 자리 있나요?"

"어머, 잘 됐네요. 안 그래도 남자분이 지금 모자라던 참인데, 호호! 그럼 오늘부터 해 주시겠어요? 이 인형 쓰시면 돼요."

"늑대 탈이요? 휴, 돼지 탈이 아닌 게 다행이군. 알겠어요."

형철이는 늑대 탈을 쓰고 놀이동산을 돌아다니기 시작했다.

"이거 놀이동산이라 그런지 활기차고 재미있는걸. 아싸!"

형철이는 흘러나오는 음악에 맞춰 이리저리 몸을 흔들며 춤을 췄다.

"와, 저기 봐. 늑대가 춤을 춘다."

아이들이 몰려와서 숨을 죽이고 구경을 했다. 그때 한 아이가 나서며 말했다.

"바보, 늑대는 나빠! 매일 양들을 잡아먹는다고!"

그러더니 갑자기 달려와서 늑대 인형을 쓴 형철이를 밀었다. 형철이는 인형 탈 안에서 균형을 잡지 못한 채 꽈당 넘어져 버렸다. 아이들은 넘어진 늑대 인형을 가리키며 마구 웃어댔다.

당장 탈의실로 뛰어간 형철이는 늑대 탈을 벗어 던졌다. 하지만 엄마 아빠가 좋아하실 모습을 생각하며 다시 탈을 뒤집어쓰고 밤 늦게까지 열심히 일을 했다.

"형순아, 오빠 3일 동안 아르바이트해서 모은 돈 여기 있어. 이걸로 엄마 아빠 여행 보내 드리자. 넌 얼마 모았니?"

"나? 여기 30만 원."

"우와, 넌 나보다 훨씬 많이 벌었네. 도대체 어떻게 해서 3일 동안에 그만큼이나 모은 거야?"

"친척집 돌아다니며 인사 드렸지. 호호! 오랜만에 할아버지, 할머니도 찾아뵙고 말이야. 그랬더니 용돈을 이렇게 듬뿍 주시던데."

"켁, 그래? 아무튼 대단해요. 나는 아이들한테 맞으면서 벌었는데. 자, 얼른 엄마 아빠한테 드리자."

둘은 봉투에 돈을 곱게 넣어서 엄마 아빠께 드렸다.

"엄마, 아빠, 내일이 두분 결혼기념일이잖아요? 결혼 25주년을 맞이해서 저희가 엄마 아빠 바닷가 여행이라도 한번 다녀오시라고 이렇게 마련했어요. 바닷가 근처에 호텔도 예약해 놨으니 바람도 쐴 겸 다녀오세요."

"어머, 뭐 이런 걸 다 준비했니? 호호, 우리 아들 딸 다 컸네. 그럼 우리 네 식구 같이 갈까?"

"와, 진짜? 엄마 그래요. 우리 가족여행 간 지 꽤 오래됐잖아."

형순이는 좋아서 방방 뛰었다.

"호호, 그럼 지금 당장 같이 출발하자."

"잠깐만요, 그럼 얼른 짐 쌀게요. 히히!"

형순이는 춤을 추듯 거실을 두 바퀴 돌더니 짐을 싸러 방으로 후다닥 뛰어 들어갔다.

"원, 녀석도! 저리 좋을까?"

그 모습을 보던 아빠의 얼굴에도 미소가 그려졌다.

"오빠, 선글라스 두 개지? 그럼 나 하나만 빌려 줘."

"어이구, 알았다. 오빠가 챙길게."

"애들아, 준비 다 됐니? 어서 출발하자꾸나."

'부르릉!'

차는 출발하고 형순이네 가족은 들뜬 마음에 노래를 따라 부르기 시작했다. 하지만 그동안 아르바이트를 하느라 힘이 들었던 형철이는 차에 타자마자 코를 드르렁 드르렁 골며 혼자 잠에 빠졌다.

"앗, 큰일 났다! 엄마, 나 깜빡 잊고 콘택트렌즈 식염수를 안 챙겨 왔어요. 엄마, 혹시 없죠?"

"형순아, 엄마가 렌즈도 안 끼는데 어떻게 식염수가 있겠니? 바닷가 도착하면 제일 먼저 호텔에 가서 물어보자꾸나."

얼마 후 바닷가에 도착하자마자 식염수가 급했던 형순이는 쪼르르 호텔 카운터로 달려갔다.

"저기 안녕하세요. 제가 깜빡하고 콘택트렌즈 식염수를 안 챙겨 와서 그러는데요, 혹시 여기 식염수 있나요?"

"죄송합니다. 저희는 식염수를 가지고 있지 않습니다."

"아, 그래요? 그럼 이 근처에 혹시 살 만한 곳 없을까요?"

"식염수라면 바닷물로 대신 사용하시는 게 어떠세요? 요 앞에 바로 바다가 있으니 쉽게 구하실 수 있을 겁니다."

그 말에 형순이는 바다로 쪼르르 달려가 식염수 대신 바닷물을 사용해 렌즈를 세척한 후 눈에 끼었다. 그랬더니 눈에 부작용이 생겨서 렌즈를 낄 수가 없었다. 형순이는 차에서 짐을 내리고 있는 아빠에게 달려가 말했다.

"아빠, 호텔 직원 아저씨가 식염수 대신 바닷물을 사용하래서 바닷물을 사용했는데 눈에 부작용이 생겼어요. 어떡하면 좋죠?"

"뭐야? 식염수 대신 바닷물을 사용하랬다고? 내 이 사람을! 귀한 우리 딸 눈 버리면 어쩌려고! 당장 고소할 테다. 그 사람 어디 있어?"

이리하여 화가 난 형순의 아버지는 호텔 직원을 화학법정에 고
소하게 되었다.

눈의 각막은 콘택트렌즈에 묻어 있는 물을 흡수하기 때문에
식염수 대신 우리 몸속의 소금 농도와 다른 바닷물을 직접
렌즈에 묻히면 안 됩니다.

바닷물을 식염수 대용으로 쓸 수 있을까요?
화학법정에서 알아봅시다.

 재판을 시작합니다. 먼저 피고 측 변론하세요.

 식염수는 소금물입니다. 즉 소금이 녹아 있

는 물이지요. 바닷물 역시 소금물입니다. 그

렇다면 식염수가 할 수 있는 것을 같은 소금물인 바닷물도 모

두 할 수 있는 거 아닌가요? 그러므로 호텔 직원은 이번 사건

에 대해 아무 책임이 없다는 것이 본 변호사의 주장입니다.

 원고 측 변론하세요.

 소금물 연구가로 유명한 왕소금 박사를 증인으로 요청합니다.

역삼각형 모양의 얼굴에 자린고비 냄새가 철철 풍기
는 60대의 남자가 증인석에 앉았다.

 증인이 하시는 일은 무엇인가요?

 소금과 관련된 일을 합니다. 소금물에 관해서라면 모르는 게

없죠.

 그럼 렌즈를 낄 때 사용하는 식염수가 소금물이 맞습니까?

 그렇습니다.

왜 렌즈를 낄 때 식염수를 사용하죠?

 우리 몸속에 있는 물에는 여러 가지 물질이 녹아 있는데 그 중에 소금도 녹아 있습니다. 렌즈를 우리 눈에 끼우기 전에 식염수로 세척하는 것은 우리 눈과 맞닿는 렌즈가 소금이 들어 있는 우리 몸속의 물과 비슷한 환경이 되게 하기 위한 것입니다.

 그렇다면 같은 소금물인 바닷물로 렌즈를 세척하면 안 되나요?

 안 됩니다.

 이유가 뭐죠?

 농도가 다르기 때문입니다. 우리 몸속에 있는 물의 소금 농도는 0.9%인데 비해 바닷물의 소금 농도는 3.5%나 되기 때문이지요.

 큰 차이가 안 나는데요?

 우리 몸은 이 정도의 차이에도 민감하게 반응합니다. 또한 눈의 각막은 콘택트렌즈에 묻어 있는 물을 흡수하는데 이때 바닷물 속에 오염된 물질이나 세균들이 각막을 오염시킬 수 있는 위험이 있지요.

 아하, 그런 위험이 있었군요. 판사님!

이해가 됩니다. 같은 소금물이라도 농도에 맞게 사용해야 한다는 것을 알았습니다. 그러므로 우리 몸의 소금 농도보다 높

은 소금 농도를 가진 물로 렌즈를 세척하는 경우 눈에 이상을 초래할 수 있다는 점이 인정되므로 렌즈 세척에 바닷물 사용을 금하도록 합니다. 이상으로 재판을 마치겠습니다.

재판이 끝난 후 과학공화국의 의약청에서는 렌즈 세척에 바닷물을 사용하지 못하도록 하는 법안을 발표했다.

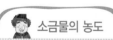
소금물의 농도

소금이 물에 녹아 있을 때 소금을 '용질', 물을 '용매'라 하고, 소금물을 '용액'이라고 한다. 용질인 소금의 양을 용액인 소금물의 양으로 나눈 후 100을 곱하면 소금물의 % 농도를 구할 수 있다. 증류한 물에 소금을 녹여 우리 몸 속 물의 소금 농도(0.9%)와 같게 만든 용액을 생리 식염수라고 하는데, 생리 식염수는 외부 상처, 입안의 헹굼, 콘택트렌즈의 세척 등에 사용한다.

깔때기에 넘친 기름

기름이 밖으로 흘러넘치지 않도록 통에 담는 방법은 없을까요?

"이 녀석아, 이제 일어나서 밥 좀 먹어!"

"엄마, 엄마는 왜 만날 꼭두새벽에 깨우는 거야?

도대체 지금이 몇 신데?"

늘보는 눈을 비비며 칭얼거렸다.

"몇 시냐고? 이놈아, 오후 2시다. 네가 무슨 신생아야? 저녁 9시
에 자서 오후 2시에 일어나게? 너 하루에 몇 시간이나 자는 줄 아
니? 17시간을 자요. 넌 신생아가 아니라 이제 20대 건장한 청년이
야. 얼른 일어나지 못해?"

"계속 잠이 오는 걸 어떡해! 정말 밥 먹는 것도 귀찮아. 나 계속

자고 있을 테니 호스로 연결해서 밥 좀 입에 넣어 줄 수 없어?"

늘보의 말이 끝나기 무섭게 엄마의 밥주걱이 날아와 늘보의 볼을 철썩 때렸다.

"이거나 먹고 정신 차려! 알겠니?"

"힝, 엄마도! 그럼 나 밥 안 먹고 그냥 볼에 붙은 밥알이나 떼어 먹을래. 엄마, 나 김치도 좀 던져 주면 안 돼?"

늘보의 대답에 엄마는 기가 찼다.

"늘보야, 네가 지금 몇 킬로그램인 줄 아니? 키 170cm에 130kg인 남자, 우리나라에 흔치 않아. 늘보 넌 여자 친구도 안 갖고 싶어? 그게 뭐니? 움직일 생각은 하지 않고! 좀 움직여라, 움직여."

엄마는 아직도 늑장 부리며 누워 있는 늘보에게 다가와 젓가락으로 배를 쿡쿡 찌르며 말했다.

"와! 이게 도대체 몇 겹이야? 4겹이야, 5겹이야? 네 배로 삼겹살 구워 먹어야 되겠니?"

엄마의 계속되는 핀잔에 늘보는 뭉그적뭉그적 일어나 자리에 앉았다.

"도대체 안 되겠어. 엄마 친구네 가게에 말해 놓을 테니까 거기서 아르바이트라도 해. 휴대폰 파는 가게인데 말만 잘해서 많이 팔면 수입도 꽤 짭짤하다더라. 지금 당장 밥 먹고 일하러 나가. 알겠니?"

"힝, 엄마는 움직이기도 귀찮은데 왜 그런 걸 시켜?"

"만약 안 가면 네가 제일 좋아하는 저 메모리폼 베개 압수한다. 말 들을래, 안 들을래?"

"아아, 지금 바로 일하러 갈게요."

늘보는 투덜거리며 어기적어기적 휴대폰 가게로 갔다.

"어머, 네가 늘보구나. 엄마한테 얘기 들었다. 자, 우리 집은 원래 주는 기본급 외에 네가 휴대폰을 판매한 만큼 수당을 더 준단다. 좋지? 사람들을 모으고 휴대폰을 홍보해서 파는 거야. 우리 가게에서 일하다 보면 점점 요령이 생길 테니까 따로 배울 필요는 없어. 너의 판매 기술은 네가 스스로 터득하는 거니까. 호호!"

늘보는 의자에 턱 걸터앉은 채 얘기를 들었다.

늘보가 휴대폰 가게에 나간 지 한 달째 되던 날 아침, 늘보 엄마의 휴대폰이 급하게 울렸다.

"여보세요, 어머 너 웬일이니? 우리 늘보는 일 잘해? 너희 가게에서 일하고 난 뒤론 너무 피곤한지 집에 오자마자 곯아떨어져서 그동안 늘보랑 얘기도 잘 못했어. 그래, 우리 늘보는 어때?"

"미안해, 네 아들 이젠 출근시키지 마. 이번 달 일한 건 다 챙겨줄 테니 그냥 다른 일 알아보는 게 좋겠어."

"뭐? 왜? 처음엔 다 미숙하잖아. 차차 배우면 되는 것 아니니?"

"그게 아니라 늘보는 하려는 생각이 없어. 휴대폰 팔 생각도 없고 그저 와서는 의자에 가만히 앉아 있다가 집에 가는걸. 늘보가 그동안 부순 의자만 해도 열 개가 넘어. 어디 하루 종일 늘보 몸 지탱할 만한 의자가 있니?"

늘보 엄마는 통화를 하던 도중 너무 속상해서 전화를 쾅 끊어 버렸다. 그리고 늘보 방으로 뛰어갔다.

"왕늘보, 잘 들어! 엄마가 한 번만 더 기회를 주겠어. 한 번만 더 해고한다는 전화 오면 네 침대도 빼앗아 버릴 거야! 알겠어? 노력을 하란 말이야."

늘보는 침대마저 빼앗아 버린다는 말에 얼굴이 굳었다.

"이번엔 어딘데?"

"아빠 친구 집인데 기름 가게야. 아까 아빠가 전화해 놓는댔으니까 얼른 가 봐. 네가 무슨 잠자는 숲 속의 공주인 줄 아니? 넌 왕자라고! 공주를 깨우려면 준비를 해야 할 것 아냐."

"공주는 무슨, 엄마 나는 침대랑 메모리폼 베개만 있으면 돼. 히히!"

"어이구, 지금 당장 안 가면 네 침대랑 베개 없애 버린다."

"알았어, 알았어. 지금 가면 되잖아."

늘보는 서둘러 아빠 친구가 운영하는 기름 가게로 갔다.

"오, 네가 늘보냐? 그래, 아빠한테 전화는 받았다. 우리 가게는 깔때기를 이용해 통마다 기름을 부어 판매한단다. 너는 이 깔때기로 통에 기름을 부어다오. 열심히만 일하면 이 아저씨가 월급은 두둑하게 주마. 하지만 게으름 피우는 건 아저씨 성격상 절대 용납 못한다."

기름 가게 사장님은 깔때기를 늘보에게 넘기고 기름을 배달하기 위해 나갔다. 그리고 마감 시간이 다 되어 가게로 돌아와 보니 늘보는 하루 종일 겨우 기름 두 통을 채워 놓았을 뿐이었다.

"왕늘보, 아저씨가 게으름 피우지 말라 했어, 안 했어? 겨우 두 통이 뭐야? 넌 오늘 당장 해고야!"

"아저씨, 기름이 깔때기에서 천천히 흘러내리는 걸 어떡해요?"

"지금 그걸 핑계라고 대는 거야? 얼른 짐 싸."

늘보는 그 순간 집에 가 버리려다 문득 침대가 생각났다.

"정말 기름이 천천히 흘러내렸다니깐요. 이렇게 그냥 해고될 순 없어요."

집으로 가려던 늘보는 생각을 바꾸고 자신을 해고한 기름 가게 주인을 화학법정에 고소했다.

깔때기를 사용해 액체를 담을 때 액체가 더 이상 들어가지 않으면
깔때기를 병에서 떼어 위로 한번 들어 올리면 병 안에 있던 공기가
빠져나와 압력이 낮아져서 액체가 다시 흘러들어가게 됩니다.

여기는 **화학법정**

왜 깔때기에서 기름이 흘러넘쳤을까요?
화학법정에서 알아봅시다.

 재판을 시작합니다. 피고 측 변론하세요.

피고는 원고에게 깔때기를 이용해 통에 기
름을 부으라고 시켰습니다. 그런데 몇 시간
이 지나도록 기름을 두 통밖에 채우지 못했습니다. 피고는 원
고에게 게으름 피우는 것을 가장 싫어한다며 부지런히 일할 것
을 당부했습니다. 그런데 깔때기를 이용해 부은 기름이 두 통
뿐이라니요? 그러면서도 게으름을 피운 것이 아니라고 하는데
말이 됩니까? 깔때기에서 기름이 흘러넘쳤다고요? 왜요?

그걸 알면 재판을 하지도 않았겠죠.

흠흠, 아무튼 게으름을 피운 거라고밖에 볼 수 없어요.

원고 측 변론하세요.

깔때기 회사 직원인 다집어넣어 씨를 증인으로 요청합니다.

비실비실하게 생긴 한 남자가 증인석으로 나왔다.

깔때기를 통해 병에 액체를 넣을 때 밖으로 넘칠 수 있나요?

물론입니다. 넘칠 수 있지요.

 어째서입니까?

액체를 병에 부으면 병 안에 있던 공기가 일부 빠져나가고 미처 빠져나가지 못한 공기는 압축 과정을 겪게 됩니다. 이 상태에서 계속 액체를 부으면 병 안의 공기 압력이 깔때기 위에 쌓은 액체의 무게를 지탱할 수 있을 정도로 커지게 되어 더 이상 액체가 들어가기 힘들게 됩니다. 그러나 이때 깔때기를 병에서 떼어 위로 살짝 들어 올려 주면 병 안에 있던 공기가 빠져나오게 되고 그로 인해 압력이 낮아져서 다시 액체가 병으로 잘 흘러 들어갈 수 있게 된답니다. 그런데 깔때기를 떼지 않고 계속해서 액체를 부으면 액체가 밖으로 흐르게 되지요.

그렇군요. 판사님, 증인의 말을 들어 보면 깔때기를 통해 액체를 넣을 때도 넘칠 수 있다는 것을 알 수 있습니다. 따라서 기름이 넘쳤다는 늘보 씨의 말은 거짓이 아닙니다.

판결합니다. 처음 기름 넣는 일을 해 본 늘보 씨는 깔때기를 어떻게 사용해야 하는지를 몰랐던 것 같습니다. 그래서 가끔씩 깔때기를 통에서 떼어 줘야 한다는 것을 모르고 계속 붓기만 해 기름을 넘치게 한 것이라 판단됩니다. 비록 두 통밖에 채우지 못했지만 늘보 씨가 게으름을 피운 것은 아닌 것 같으므로 기름집 사장님은 늘보 씨를 며칠만 더 지켜본 뒤 판단하시기 바랍니다. 이상으로 재판을 마치겠습니다.

재판이 끝난 후 늘보는 깔때기를 사용할 때 가끔 깔때기를 떼어 주어야 한다는 것을 알고 떼어 가면서 열심히 기름을 통에 부었다. 게으름을 피울 거라 생각했던 것과 달리 착실히 일을 잘하는 늘보를 본 사장님은 만족해했고, 늘보의 엄마에게 전화를 걸어 아들이 일을 착실히 한다고 칭찬을 했다. 한편 늘보는 일을 마치고 집에 돌아왔을 때 식탁에 차려져 있을 맛있는 음식을 기대하며 매일 열심히 일했다.

 액체의 부피

얼음과 같은 고체를 이루는 입자들은 규칙적으로 배열되어 있어 운동이 자유롭지 못하고, 수증기와 같은 기체는 입자들이 매우 불규칙적으로 배열되어 있어 운동이 아주 자유롭다. 물과 같은 액체는 입자들이 어느 정도 규칙적으로 배열되어 있는 상태로, 고체보다는 운동이 활발하고 자유롭게 그 위치를 바꿀 수 있다. 그러나 액체 내의 입자 사이의 거리는 가까운 편이므로 압력을 가해도 입자 사이의 거리가 줄어들기 어려워 액체의 부피는 거의 일정하게 유지된다. 따라서 특정 용기에 눌러 담을 수 있는 액체의 양은 일정하다. 그러나 만약 빈 공간을 채우던 공기를 빼 주게 되면 그 공간만큼 액체를 더 담을 수 있다.

눈 깜짝 순간접착제

순간접착제가 순식간에 붙을 수 있는 건 어떤 원리일까요?

최근 들어 순간접착제를 사는 사람들의 수가 증가했다. 전에는 테이프로 고정시키거나 풀로 겨우 붙여야 했던 사람들이 순간접착제가 있다는 것을 알고서는 무엇인가 붙일 일만 생기면 순간접착제를 샀기 때문이었다. 그래서 눈 깜짝할 사이에 순간접착제 회사들이 많이 생겨 났고 그들 사이에 경쟁이 붙기 시작했다. 사람들은 순간접착제가 빠른 시간 안에 굳어서 붙는 것을 신기해했기 때문에 회사들 사이에서도 어떤 회사의 제품이 가장 빠른 시간 안에 굳는지에 관심이 집중됐다.

15초 만에 굳는 순간접착제를 들어 보셨나요? 15초면 너무 빠른 거 아니냐고요? 저희는 소비자들의 마음을 이해하기 위해서 빠르고 정확한 접착을 연구해 왔습니다. 그 결과 저희는 이루어 냈습니다. 그동안 접착제가 굳기까지 기다리느라 힘드셨죠? 저희 찰싹 회사의 순간접착제를 써 보세요. 시간 절약! 제품 만족! 저희가 보장하겠습니다.

텔레비전에서는 10분에 한 번꼴로 순간접착제 광고가 나올 정도였다. 그중에서 제일 빠른 시간 안에 굳어 접착되는 것으로는 찰싹 회사의 순간접착제가 1위를 달리고 있었다.

"15초? 우와, 빠르네! 신발 밑창이 떨어졌던데, 그거 붙일 때 한 번 써 볼까?"

"그래, 나도 정말 빨리 붙는지 궁금해."

15초란 말에 많은 사람들은 너도나도 찰싹 회사의 순간접착제를 사려고 몰려들었다. 그러자 다른 회사의 순간접착제는 한순간에 찬밥 신세가 되었다. 사태가 심각해지자 다붙어 회사에서는 긴급 회의를 소집했다.

"15초 순간접착제가 나오는 바람에 매출이 줄었습니다. 어떻게 하죠?"

"어떻게 하기는! 어서 10초대로 만들어 봐."

"그게 그렇게 쉬운 일이 아니라서……."

"그럼 지금 찰싹 회사 매출이 올라가는 걸 보고만 있을 텐가? 연구를 해야지, 연구를!"

눈에 띄게 줄어든 매출 때문에 다붙어 회사의 사장은 심기가 불편했다. 회의를 진행하던 개발부 과장은 괜히 잠자고 있는 사자의 코털을 건드려 버렸고, 사장은 어서 신제품을 만들라며 개발부 직원들을 매일 달달 볶았다.

"순간접착제가 순간에 안 붙어 버리면, 사 가는 사람이 어디 있겠나?"

다붙어 회사의 사장은 빨리 굳지 않는 자사의 접착제를 보며 한숨을 쉬고 있었다. 그런데 그때였다. 텔레비전에서는 그동안 못 보던 새로운 순간접착제 광고가 나왔다.

"이번에는 또 어느 회사지?"

친근한 아주머니가 나와 순간접착제의 성능을 시험해 보거나 순간접착제를 들고서 방긋 웃으며 좋다고 말하던 기존의 광고와는 차원이 다른 광고였다. 얼핏 보면 영화의 한 장면 같기도 하였다.

"거기 서!"

주인공은 요즘 한창 잘나가는 배우 김미남이었다. 화면에서는 김미남이 멋있게 앞에서 달리고 그 뒤로 검은 양복을 입은 다섯 명의 건장한 사내들이 뒤따르고 있었다. 마치 영화의 한 장면처럼 열심히 달리던 김미남은 안 되겠는지 주머니에서 순간접착제 하나를 꺼냈다. 그것은 화면에 바로 확대되어 눈깜짝 순간접착제라는 걸 알 수 있었다. 그 순간접착제를 바닥에 한두 방울씩 떨어뜨리고 김미남은 계속 달렸다.

"어디 따라올 수 있으면 따라와 봐."

김미남은 건방진 말 한마디를 남기고 앞으로 계속 뛰었다. 검은 양복을 입은 사내들도 곧 뒤따라왔지만, 그만 김미남이 접착제를 뿌려 놓은 곳에 발이 딱 붙어 버렸다. 그래서 결국 다섯 명 모두 땅에 신발이 붙어 옴짝달싹할 수 없는 상황이 되었고, 그 앞에서 김미남은 엄지손가락을 치켜들며 말했다.

"1초 만에 붙는 눈깜짝 순간접착제, 그 누구도 따라잡을 수 없습니다!"

그렇게 광고는 끝났다. 그 광고를 본 사람들은 모두가 '우와!' 하는 감탄사를 연발했다. 첫 번째 이유는 김미남이 너무 잘생겨서이고, 두 번째 이유는 1초 만에 붙는 순간접착제가 나왔다는 것 때문이었다. 사람들 사이에서는 금방 1초 만에 붙는 순간접착제가 최고의 이슈가 되었다.

"너, 그 광고 봤어?"

"당연하지! 김미남은 언제 봐도 너무 잘생겼어. 근데 그 순간접착제는 정말 1초 만에 붙을까?"

"그러면 정말 신기할 텐데!"

사람들의 관심은 모두 1초 만에 붙는다는 눈깜짝 순간접착제에 쏠렸고, 얼마 전까지 불티나게 팔리던 15초 만에 붙는 찰싹 순간접착제의 인기는 바닥으로 떨어졌다. 그리고 다붙어 순간접착제는 이제 사람들의 관심 밖으로 밀려났다. 그럴수록 다붙어 회사의 사장은 조급한 마음이 들었다.

"아직 연구 중인가? 1초 만에 붙는 게 나왔는데 우리는 왜 10초 순간접착제도 못 만드는 거야?"

다붙어 회사의 사장은 개발부 과장에게 다시 소리쳤다. 새로운 순간접착제를 개발하라고 지시를 내린 지가 언젠데 아직 1초도 당기지 못하고 있는 것에 몹시 화가 나 있었다.

"그게, 저희가 연구하기에는 10초까지도 무리인 것 같습니다."

"뭐라고? 그게 사실이야?"

"네, 1초는 도저히……."

개발부 과장은 1초 만에 붙는 제품을 만드는 건 도저히 불가능하다는 말만 던지고 자기 자리로 가 버렸다. 다붙어 회사의 사장은 그 말을 듣고 한 가지 가능성에 대해 생각했다.

"아니, 우리 회사 개발부는 그게 불가능하다고 하는데 어떻게 눈 깜짝 순간접착제 회사는 1초 만에 붙는 걸 개발했지? 이거 혹시 사기 아니야?"

다붙어 회사 사장은 1초 만에 붙는다는 광고가 사람들을 끌어 모으기 위해서 한 거짓말이라고 생각했다. 그래서 이제 인기가 시들어져 가는 찰싹 회사 사장과 힘을 모으기로 했다.

"순간접착제가 1초 만에 붙는다는 게 일어날 수 있는 일이라고 생각하십니까?"

"저도 그것에 의문을 품고 있었습니다. 저희가 15초로 만드는 데 얼마나 많은 연구가 필요했는데요."

찰싹 회사 사장도 다붙어 회사 사장과 같은 생각을 가지고 있었다. 1초 만에 붙는 순간접착제는 만들어 낼 수 없는 것이라고 여기고 있었던 것이다.

"그렇죠? 1초 만에 붙는다는 것은 말도 안 됩니다. 그럼 눈깜짝 회사가 소비자를 대상으로 사기를 친 거군요."

"그래요. 이건 소비자를 우롱하는 거라고 생각합니다. 우리가 바로잡읍시다."

"그럽시다."

이렇게 뜻을 모은 찰싹 회사 사장과 다붙어 회사 사장은 힘을 모아 거짓 광고를 한 눈깜짝 회사를 사기로 화학법정에 고소했다.

순간접착제는 그 자체로는 접착력이 없지만 용기 밖으로 나오면
공기 중의 수분과 반응해 접착력이 큰 물질을 만드는
화학 반응을 일으킵니다.

과연 1초 만에 달라붙는 접착제가 있을까요?
화학법정에서 알아봅시다.

 재판을 시작합니다. 먼저 원고 측 변론하세요.

 아무리 순간접착제라고 하지만 1초 만에 철썩 달라붙는다는 것은 좀 과장이 심하지 않은가요? 그러므로 본 변호사는 피고인 눈깜짝 회사에 대해 사기 및 과장 허위 광고 유포 죄를 적용할 것을 주장합니다.

 피고 측 변론하세요.

 접착제 연구로 한평생을 살아온 과학대학교의 강력해 교수를 증인으로 요청합니다.

검은 양복에 나비넥타이 차림의 60대 노교수가 증인석으로 들어왔다.

 우선 접착제의 원료는 뭐죠?

 과거에는 접착제의 원료로 녹말, 풀, 송진, 아교 등 자연 상태에서 구할 수 있는 것을 많이 사용했지만 합성 화학 공업이 발달한 후부터는 비닐계, 합성 고무계, 우레탄계, 에폭시계, 시아노아크릴레이트계 등 다양한 고분자 합성수지들을 원료

로 사용하는 추세입니다.

 접착은 어떤 과정으로 이루어지나요?

 여러 종류가 있어요. 물이나 유기 용매의 증발에 의해 접착이 이루어지는 것, 접착테이프와 같이 압력을 이용하는 것, 열을 가해서 부드럽게 만든 후 냉각시켜 접착시키는 것, 화학 반응으로 고분자 화합물을 만들어 접착시키는 것 등이 있지요. 우리가 흔히 보는 본드는 이중에서 수지를 유기 용매에 녹인 접착제입니다. 이런 접착제는 인체에 해로운 증기가 나올 수 있으므로 조심해야 하지요.

 그럼 1초 만에 달라붙는 접착제도 있나요?

 그런 걸 순간접착제라 부릅니다. 순간접착제는 화학 반응형 접착제에 해당하는데, 그 자체로는 접착력이 없지만 용기 밖으로 나오면 공기 중의 수분과 반응해 접착력이 큰 고분자를 만드는 화학 반응을 일으킵니다. 이런 반응이 아주 짧은 시간에 이루어지기 때문에 순간적인 접착이 가능하지요. 물론 1초도 안 되는 사이에 말입니다.

 정말 놀라운 기술 발전이군요. 그렇죠? 판사님!

 판결합니다. 화학을 이용한 기술 발전의 폭이 나날이 커지고 있습니다. 접착제 분야에서도 화학 반응을 이용하여 1초도 안 되는 시간에 두 물체를 접착시킬 수 있다니 놀랍군요. 아무튼 원고 측의 주장은 이제 명분이 없다고 생각하고 눈깜짝 회사

의 기술 개발 능력에 박수를 보냅니다. 이상으로 재판을 마치
겠습니다.

재판이 끝난 후 찰싹 회사 사장과 다붙어 회사 사장은 눈깜짝 회
사 사장에게 사과하고 연구 개발에 더욱 박차를 가한 결과 이들 회
사에서도 1초 만에 붙는 순간접착제 개발에 성공했다.

 고분자 화합물

분자량(분자의 질량)이 10,000 이상인 것을 고분자라고 한다. 고분자는 합성 고분자 화합물과 천연
고분자 화합물이 있으며, 합성 고분자 화합물은 분자를 인위적으로 결합시켜 만들어진 고분자 화합
물로, 플라스틱, 합성 섬유, 합성 고무 등이 있다. 천연 고분자 화합물은 자연에 존재하는 고분자 화
합물로, 탄수화물, 단백질, 천연 고무 등이 있다.

똥 없는 펜을 주세요

볼펜 똥이 나오지 않는 볼펜을 만들 수 있을까요?

지난해에 베스트셀러가 되어 큰 화제를 모은 소설 《해리포토》의 작가 조앤 롤러 씨는 새로운 작품을 준비하고 있었다. 이번 해에 《해리포토》가 영화로 도 만들어짐에 따라 조앤 롤러 씨는 많은 명성을 얻고 많은 돈을 벌었다. 그런데 그런 그녀가 작품을 쓸 때 반드시 고수하는 것이 하나 있었다. 그것은 바로 소설을 쓸 때 컴퓨터를 사용하지 않는다 는 것이었다. 그리고 그 사실이 어떤 잡지의 기자에 의해 밝혀짐으 로써 다시 한번 그녀는 영웅이 되기도 했다.

"마지막 질문을 드리겠습니다. 글을 쓰실 때는 어떻게 영감을 얻으시나요?"

기자는 손에 들고 있던 수첩을 바로잡고 볼펜 끝에 침을 묻히고 받아 적을 준비를 하고 있었다.

"아, 저는 펜을 쥐는 순간 눈앞에 무한한 세상이 펼쳐집니다. 저의 손은 그냥 눈앞에 펼쳐진 세상을 묘사하는 것에 불과합니다."

"아, 그렇다면 글을 쓰실 때 직접 손으로 쓰신다는 말씀입니까?"

"네, 전 옛날부터 항상 그렇게 해 오던 터라 새삼스럽게 컴퓨터 앞에 앉아 있으면 영감이 떠오르지 않아요."

"정말 대단하십니다!"

기자는 빠른 손놀림으로 그녀의 말을 수첩에 적어 내려가기 시작했다. 그리고 대단한 특종을 얻어낸 것처럼 기뻐했다.

"오늘 인터뷰, 정말 감사합니다."

조앤 롤러 씨는 인터뷰를 끝냈다는 것에 후련함을 느꼈다. 그녀가 원고지에 한 자씩 적어 내려가면서 책을 쓰는 것은 사실이었다. 그래서 지난해에 베스트셀러를 기록했던 《해리포토》를 쓰는 데도 원고지를 자기 키 높이만큼 썼고 닳은 펜도 몇 다스가 넘을 정도였다. 그만큼 많은 고쳐 쓰기가 있었고 내용에 대한 많은 고민이 있었다.

"인터뷰가 생각보다 늦게 끝났네. 얼른 하던 작업을 계속해야지."

조앤 롤러 씨는 갑작스럽게 찾아온 기자와 인터뷰하느라 지금 한창 쓰고 있던 《해리포토》의 두 번째 시리즈를 분량만큼 써 놓지 못했다. 그래서 기자를 보내고 그녀는 곧장 책상에 앉았다. 그녀의 책상에는 두꺼운 원고지, 여분의 볼펜, 그리고 물 티슈가 꼭 있었다. 그리고 조앤 롤러 씨는 다시 볼펜을 잡고 원고지에 열심히 써 내려가기 시작했다. 그녀는 영감이 떠오를 때 그 순간 빨리 적어 버리는 타입이라 쉼 없이 손을 움직였다. 그렇게 20여 분이 지나고 고개를 들었다.

"에고, 아직 이것밖에 쓰지 못했네."

그리고 한껏 움츠렸던 어깨를 펴면서 두 손을 잡고 기지개를 켤 때 자신의 손에 검은 얼룩이 잔뜩 묻어 있는 걸 발견했다.

"또 볼펜 똥이 이만큼이나 묻었네."

그녀의 손은 마치 숯을 잡았다가 놓은 것처럼 바닥이 까맸다. 그것은 모두 원고지에 묻은 볼펜 똥이 다시 묻은 것이었다. 그녀가 책상 위에 있던 물 티슈로 손에 묻은 볼펜 똥을 닦고 있을 때 그녀의 절친한 친구인 헤르미옴느 씨가 오랜만에 집에 놀러 왔다. 책을 쓰기 시작하고 나서는 바빠서 보지 못했기 때문에 반갑게 맞았다. 그리고 친구 헤르미옴느 씨에게 작업실을 구경시켜 주기로 했다. 헤르미옴느 씨는 작업실을 구경하던 중에 책상 위에 있던 물 티슈를 발견했다.

"책상 위에 웬 물 티슈야?"

"물 티슈? 볼펜으로 작업을 하면 볼펜 똥이 너무 많이 나와서 손에 묻어 버리거든. 그래서 원고지에 번지기 전에 손을 닦으려고 올려놓은 거야."

"그러게 컴퓨터로 쓰면 빠르기도 하고 볼펜 똥도 안 묻을 텐데……."

"나는 직접 손으로 써야 하는 거 알잖아."

"그야 고등학교 때부터 그랬으니 잘 알지."

작업을 하면서 쉬지 않고 글을 쓰면 어느새 볼펜 끝에 몽글하게 볼펜 똥이 묻어 있기 마련이었다. 그것이 원고지에 묻어도 조앤 롤러 씨는 못 보고 손으로 문질러 버리기 때문에 손에 볼펜 똥이 묻는 것은 물론 원고지에도 볼펜 똥이 번지기도 했다. 그래서 묻은 볼펜 똥을 닦기 위해서 항상 책상에 물 티슈를 올려놓았다.

"물 티슈로 이걸 닦다 보면 머릿속에 떠오르던 영감이 순간 사라지기도 한다니깐!"

조앤 롤러 씨는 그동안 겪었던 볼펜 똥에 대한 불만을 친구에게 쏟아 놓았다.

"볼펜 똥이 안 나오는 볼펜을 쓰면 될 텐데."

친구 헤르미옴느 씨는 안타깝다는 듯이 말했다. 조앤 롤러 씨는 그 말을 듣고 좋은 생각이 떠올랐다.

"그래, 볼펜 회사에 가서 볼펜 똥이 안 나오는 볼펜을 주문해야 겠어."

볼펜 똥이 안 나오는 볼펜을 사용하면 중간에 손에 묻은 볼펜 똥을 닦을 필요도 없고 영감이 떠오를 때 몇 시간씩이나 계속 쓸 수 있기 때문에 지금 조앤 롤러 씨에게는 볼펜 똥이 안 나오는 볼펜이 절실했다. 그래서 그녀는 직접 볼펜 회사에 찾아갔다.

"어떻게 오셨나요?"

"네, 저 조앤 롤러인데요."

볼펜 회사에 찾아간 조앤 롤러 씨는 자신을 알아보는 사람들이 많을까봐 귀에 속삭이듯이 이름을 말했다. 하지만 볼펜 회사 직원인 로우테크 씨는 조앤 롤러 씨를 모르는 눈치였다.

"네? 어떻게 오셨냐고요."

"으흠, 펜을 주문하려고요."

자신을 못 알아보는 로우테크 씨를 보면서 조앤 롤러 씨는 다행이라고 생각했지만 한편으론 실망스럽기도 했다. 그런 마음을 접어 두고 조앤 롤러 씨는 당장 볼펜 똥이 안 나오는 볼펜을 주문하는 것에 집중하기로 했다.

"네, 어떤 펜이요? 저희 시중에서 판매하는 볼펜들은……."

"아니요, 시중에 나오는 것 말고 볼펜 똥이 안 나오는 볼펜을 주문하려고요."

조앤 롤러 씨는 간절한 마음으로 말했지만 로우테크 씨는 고개를 갸우뚱거리며 웃었다.

"하하하, 볼펜 똥이 안 생기는 볼펜이 어디 있습니까, 시중의 모든 볼펜은 다 볼펜 똥이 나온다고요."

마치 터무니없는 것을 주문했다는 식으로 로우테크 씨는 웃었다. 하지만 조앤 롤러 씨는 진지했다. 볼펜 똥이 안 나오는 펜만 있으면 떠오르는 영감을 그대로 옮길 수 있으니 그것이 바로 성공적인 작품을 결정짓는 중요한 것이었기 때문이다.

"그런 게 어디 있어요. 볼펜에 대해 연구하지 않습니까? 충분히 만들 수 있다고 생각하는데요."

"볼펜 똥이 안 생길 수가 없습니다. 원래 그런 건데 어떡하란 말씀이십니까?"

로우테크 씨는 볼펜에서 똥이 나오는 것이 당연하다며 조앤 롤러 씨의 주문을 거절했다. 조앤 롤러 씨는 그런 것을 절대로 만들 수 없다는 로우테크 씨의 말에 몹시 화가 났다. 볼펜을 쓰면서 항상 겪는 불편인데 그것을 개선할 생각조차 하지 않는 볼펜 회사에 화가 치밀었다.

"볼펜 똥이 나오는 게 얼마나 불편한지 아세요?"

결국 조앤 롤러 씨는 자신의 주문을 노력도 해 보지 않은 채 단번에 거절한 볼펜 회사를 화학법정에 고소했다.

볼펜 끝에 붙어 있는 자그마한 금속 볼이 종이와의 마찰에 의해
회전하면서 글씨가 써집니다. 유성 잉크 대신 수성 잉크를 사용하는
수성 볼펜은 글씨를 써도 똥이 생기지 않습니다.

여기는 **화학법정**

똥이 안 생기는 펜이 있을까요?
화학법정에서 알아봅시다.

🧑‍⚖️ 재판을 시작합니다. 먼저 원고 측 변론하세요.

😠 볼펜은 오래 쓰다 보면 똥이 생기는 게 매력입니다. 볼펜 똥이 싫으면 볼펜으로 한 글자만 쓰고 버리고 새 볼펜을 쓰면 되지, 뭘 이런 문제로 법정까지 오는지 원.

🧑‍⚖️ 화치 변호사, 더 할 말 없어요?

🧑 제 의견은 전부 말했는데요.

🧑‍⚖️ 한심하군요. 그럼 피고 측 변론하세요.

🧑 펜 연구소의 펜이야 박사를 증인으로 요청합니다.

　　키가 2m쯤 돼 보이고 몸은 아주 야윈 30대의 남자가 증인석에 앉았다.

🧑 궁금한 게 있는데요?

😠 뭐죠?

🧑 볼은 공이라는 뜻이잖아요?

😠 그런데요?

볼펜은 공도 없는데 왜 볼펜이라고 하지요?

공이 있어요. 볼펜은 둥근 볼을 이용해 글씨를 쓰는 도구예요. 볼펜은 글씨를 쓸 때 펜 끝에 장치된 자그마한 공 모양의 금속 볼이 종이와의 마찰에 의해 회전하도록 만들어져 있어요. 이때 볼이 돌면서 볼펜심에 들어 있는 끈적끈적한 유성 잉크를 끌어내고 이것이 종이 위에 묻어서 글씨가 써지는 거랍니다.

그럼 볼펜 똥은 왜 생기는 거죠?

볼이 회전하면서 흘러나온 유성 잉크 중 일부는 그 끈적끈적함 때문에 종이에 묻지 않고 볼에 달라붙어 있게 됩니다. 잉크가 볼에 쌓이면 지저분해지는데 이것이 볼펜 똥이지요. 이것이 종이에 묻어 지저분하게 만드는 것입니다.

그럼 볼펜 똥을 없앨 수는 없군요?

그렇지 않습니다. 유성 잉크를 사용하면 똥이 생기지만 끈적거림이 없는 수성 잉크를 사용하면 똥이 생기지 않지요. 그래서 나온 것이 수성 볼펜입니다.

그렇군요. 수성 펜을 쓰면 더 이상 볼펜 똥 없이 글씨를 쓸 수 있겠군요. 그렇죠? 판사님!

판결하겠습니다. 볼펜 회사는 유성 잉크와 수성 잉크의 제품을 모두 개발할 능력이 있어야 하고 동시에 수성 잉크를 사용하는 펜은 똥이 생기지 않는다는 것을 강조해야 할 것입니다.

볼펜 똥 알레르기가 있는 사람도 있으니까요. 이상으로 재판을 마치겠습니다.

재판이 끝난 후 조앤 롤러 씨는 수성 펜을 만드는 회사에 100개의 수성 펜을 주문했고 지금은 《해리 포토》의 속편을 집필하고 있다.

 볼펜의 발명

1938년 헝가리의 수도 부다페스트에서 신문 기자로 일하던 라데스라오 피로는 취재를 하던 중 잉크가 말라서 여러 차례 불편을 겪자 연구 끝에 잉크를 채운 대롱에 펜을 끼워 쓰는 방법을 고안해 냈는데, 이것이 최초의 볼펜이다. 1944년에는 더욱 개량된 것이 미국에서 발매되고, 제2차 세계대전 후에 볼펜은 미국에서 급속히 발전하여 실용화되었다. 볼펜의 제조 기술은 작은 오차도 허용하지 않는 정밀함을 요구한다. 유통 과정에서는 보존 기한(한국 산업 규격상 15개월)이 경과하면 볼이 산화되거나 잉크가 굳어서 필기가 되지 않는 경우가 있다.

과학성적 끌어올리기

더러워진 동전 깨끗하게 만들기

10원짜리 동전의 주성분은 구리인데, 구리는 공기 중의 산소와 반응하여 산화하게 되면 산화구리가 되어 녹이 슬게 됩니다. 그럼 녹슨 동전을 깨끗하게 만드는 방법은 없을까요? 그것은 산화의 '거꾸로의 과정'을 이용하면 됩니다. 산화의 '거꾸로의 과정'을 환원이라고 부르는데 산화가 산소와 결합하는 것이라면 환원은 반대로 산소를 내어 놓는 것입니다.

그런데 여기서 산화를 좀더 자세히 알아볼 필요가 있어요. 구리가 산소와 만나 산화구리를 만드는 과정을 살펴볼까요. 녹슬기 전구리는 구리 금속으로 구리 원자들이 주기적으로 배열된 모습입니다. 그런데 산소를 만나면 구리는 전자를 내놓아 양의 전기를 띤 구리 이온이 되고, 구리가 내놓은 전자를 산소가 받아 음의 전기를 띤 산소 이온이 됩니다. 이렇게 서로 다른 전기를 띠는 두 이온은 전기적인 인력으로 달라붙어 산화구리라는 화합물을 만들게 되죠. 그러므로 산화란 금속이 전자를 내놓는 과정이라고 볼 수 있습니다. 그렇다면 그 반대의 과정인 환원은 전자를 받아들이는 과정이 되겠지요.

그럼 어떤 방법으로 녹슨 구리 동전을 깨끗이 만들 수 있을까요? 그것은 소금과 식초만 있으면 간단하게 해결됩니다. 녹슨 구리 동전을 소금과 식초를 섞은 물에 넣어 주면 소금과 식초를 섞은 물 속에 산이 만들어집니다. 이 산이 산화구리와 반응하면 양이온인 구리 이온이 전자를 받게 되어 구리 원자로 환원됩니다. 그래서 구리 동전이 다시 광택을 내게 되는 것이죠.

과학성적 끌어올리기

바닷물이 짠 이유

바닷물 속에는 염소, 나트륨, 마그네슘 등 여러 가지 물질이 녹아 있습니다. 이 가운데 가장 많은 것이 염소와 나트륨입니다. 염소와 나트륨이 만나면 염화나트륨이 되는데, 이것이 바로 짠맛이나는 소금입니다. 바닷물이 짠 이유는 짠맛이 나는 소금이 녹아 있기 때문이며, 염화마그네슘이라는 성분 때문에 쓴맛도 납니다.

바닷물에는 소금이나 염화마그네슘 이외에도 여러 가지 물질이 녹아 있습니다. 이것을 '염류'라고 하는데, 바닷물 1kg에 염류가 몇 g 들어 있는지를 나타낸 것을 '염분'이라고 합니다. 단위로는 천분율을 나타내는 퍼밀(‰)을 사용합니다. 전 세계 바닷물의 평균 염분은 35‰이지만 지역에 따라 염분의 값은 달라집니다. 더운 지방에서는 바닷물이 많이 증발해 염분이 높고, 비가 많이 내리는 지방에서는 물이 더 많아 염분이 낮습니다.

전 세계 바다 중에서 염분 값이 높아 물이 가장 짠 곳은 사해입니다. 사해의 염분은 약 200‰라고 합니다. 염분이 높은 물에서는 물체가 쉽게 뜨게 되는데, 사해는 염분이 아주 높아 물 위에 누워서 책을 읽을 수 있을 정도라고 합니다.

제4장

기타 우리 주변의 물질에 관한 사건

걱정마세요.
내가 산소를 다 먹어
치워 불을 꺼 줄테니.

아니 불난
집에 부채질
하는 거야?

컬러 다이아몬드

컬러 다이아몬드는 진짜 다이아몬드일까요?

미스터대박은 몇 해 전 다이아몬드 거리에서 보석 가게를 개업했다. 다이아몬드 거리는 보석 가게가 즐비해 있었는데 미스터대박의 가게 이름은 '빛나리가 운영하는 보석상'이었다. 그의 가게는 주로 다이아몬드를 취급했다. 다이아몬드로 공화국에서 가장 유명한 이 거리에 오면 미스터대박은 그의 보석상에 있는 다이아몬드들이 날개 돋친 듯 팔려 나갈 줄 알았다. 하지만 그것은 정말 만만의 콩떡이었다. 전국 각지의 많은 사람들이 보석을 사러 다이아몬드 거리에 왔지만 정말 수많은 보석상이 있었기 때문에 그는 쪽박 신세가 되었다. 그래서 그는 오늘 용하다는 '무릎뚝 도사'를 찾아가기로 했다.

"무릎뚝 무릎뚝뚝 무릎뚝 무릎뚝뚝 무릎뚝 무릎뚝 도사!"

화려한 춤과 함께 도사와 보조 도사 두 명이 그를 반갑게 맞이했다. 그 춤을 보며 그는 저 도사가 용할까라는 의심을 하지 않을 수 없었다.

"춤이 참~ 정신이 없군요."

"당신의 정신이 없는 거겠죠."

보조 도사가 건방지게 그에게 이런 말을 했다. 그는 보조 도사의 눈빛부터 마음에 들지 않는다고 생각했다.

"그래, 당신의 고민이 도대체 무엇이기에 이 무릎뚝 도사를 찾아왔습니까?"

그는 순간 말해야 하나 말아야 하나 고민이 되었다. 그가 고민을 말한다고 해서 저 뚱땡이 도사가 뭔가 신통한 답변을 줄 것 같지도 않았다.

"저……."

"왜요? 저를 못 믿으세요? 어디 한번 속 시원~히 털어놔 보시죠."

"저 실은, 제가 다이아몬드를 주로 취급하는 보석상을 하나 운영하고 있습니다. 그런데 요즘 너무 장사가 안 돼서 파리만 날리고 있습니다."

"아니, 이 겨울에 파리가 있단 말이에요?"

무릎뚝 도사의 어이없는 질문에 순간 그는 손을 올렸다가 내렸다. 그리고 옆에 있는 물병으로 애꿎은 보조 도사의 머리를 한 대 쳤다.

"어떻게 하면 장사가 잘되겠습니까? 도사님, 제 고민을 꼭 좀 해결해 주십시오."

그런데 갑자기 도사와 보조 도사들이 부채를 들고 춤을 추기 시작했다. 그는 너무 놀라서 멍하니 그 모습을 보고 있는데 도사가 그를 향해 부채를 번쩍 내리꽂더니 소리쳤다.

"컬러야, 답은 컬러라고!"

"예? 그게 무슨 말씀이십니까?"

"이제 가 봐, 해결책은 오로지 컬러야."

"아니, 도사님! 무슨 설명을 해 주셔야죠. 그냥 컬러라고 하면 제가 압니까?"

그는 항의했지만 도사는 그의 말에는 아랑곳하지 않고 보조 도사들과 계속 춤을 췄다. 그는 하는 수 없이 밖으로 나와 곰곰이 생각했다.

"컬러? 무슨 컬러? 그럼 세상이 컬러지, 흑백이야? 내 가게도 컬러고, 저 나무도 컬러고, 이 거리도 컬러인데 도대체 무슨 컬러란 말이야?"

그는 그때부터 곰곰이 생각했다. 그리고 가게로 달려가 간판을 빨주노초파남보로 칠하기 시작했다. 하지만 여전히 손님들의 반응은 좋지 않았다. 그래서 이번에는 페인트를 들고 보석상 안의 벽에 색색의 물방울을 그려 넣었다. 하지만 사태는 더욱 악화되어 그나마 있던 단골손님마저 언제부터인가 오지 않게 되었다.

그는 점점 수척해져 갔다. 그러던 어느 날, 멀리 여행 갔던 아들이 돌아왔다.

"아버지, 왜 이리 수척해지셨어요? 요즘 보석상은 어때요?"

"아이고, 아들아! 보석상이고 뭐고 이젠 끝이다. 보석상이 하도 안 돼서 도사에게까지 찾아갔었다. 그런데 그 망할 놈의 도사가 "해결책은 컬러야"라는 말을 하는 바람에 간판도 다시 칠하고 벽도 다시 칠했더니 그나마 있던 단골손님마저 가게가 정신 없다며 발길을 끊었단다. 내 가게가 망하는 날, 내가 그놈의 뚱땡이 도사도 요절내 버릴 테다. 어이구!"

"컬러요? 음~ 아버지, 혹시 컬러 다이아몬드를 말한 게 아닐까요?"

"컬러 다이아몬드? 그게 뭔데?"

"그러니까 귀 좀⋯⋯."

아들은 아버지의 귀에 대고 쑥덕쑥덕 속삭였다.

다음 날 일찍 아버지와 아들은 배낭을 메고 어디론가 떠났다. 그리고 돌아온 부자는 가게 앞에 커다란 현수막을 써 붙였다.

저희 가게는 컬러 다이아몬드를 판매합니다.

많은 사람들이 그 광고를 보고 그의 가게로 찾아왔고 컬러 다이아몬드를 구경한 손님들은 신기해하며 다들 구입했다. 소문은 점점 불어나 전국 각지에서 그의 가게를 찾아 사람들이 몰려왔다. 이제 그의 가게는 손님으로 넘쳐나 발 디딜 틈이 없을 정도였다. 그렇게 행복한 나날이 영원할 것만 같았다.

그런데 어느 날 경찰이 그의 가게에 찾아왔다.

"안녕하십니까, 이 보석상의 주인되십니까?"

"예, 그렇습니다만 무슨 일이신지요?"

"컬러 다이아몬드를 파신다고 들었습니다. 원래 다이아몬드는 투명한 색이기 때문에 이 가게에서 팔고 있는 컬러 다이아몬드는 가짜라고 이웃 가게에서 고소가 들어왔습니다. 경찰서까지 같이 가 주셔야겠습니다."

"뭐라고요?"

이리하여 미스터대박은 화학법정에 가게 되었다.

컬러 다이아몬드에는 99.95%의 탄소가 존재하고 그 외에 그 속에
포함되어 있는 붕소나 리튬, 질소 등의 상태나 양에 따라서
파란색, 빨간색, 노란색 등의 다이아몬드가 됩니다.

여기는 **화학법정**

컬러 다이아몬드는 존재할까요?
화학법정에서 알아봅시다.

 재판을 시작하겠습니다. 원고 측 말씀하시죠.

 미스터대박 씨의 '빛나리가 운영하는 보석상'에서는 컬러 다이아몬드라는 가짜 다이아몬드를 사람들에게 판매했습니다. 제가 알기로도 다이아몬드는 투명한 색인데 이것은 분명 다이아몬드에 대해 잘 모르는 사람들을 속여서 돈을 벌려는 사기 행위입니다. 다이아몬드는 상당히 값비싼 보석인데 잘못된 정보를 이용해 큰돈을 갈취한 미스터대박 씨에게 그동안 팔았던 컬러 다이아몬드 값을 소비자들에게 돌려줄 것을 청구하는 바입니다.

 피고 측 변론하세요.

 보석 전문가인 이오팔 양을 증인으로 요청합니다.

손가락에 갖가지 보석 반지를 낀 여자가 잘난 체하듯 손을 보이며 증인석에 앉았다.

 보석 중 다이아몬드는 어떻게 만들어지는 것입니까?

 다이아몬드는 순수한 탄소로 이루어져 있습니다. 땅속에서

높은 압력과 열을 받아 만들어지죠.

그럼 가격의 차이는 어떻죠?

투명할수록 비싸져요.

컬러 다이아몬드라는 것이 존재합니까?

당연하죠.

컬러 다이아몬드는 일반 다이아몬드와 어떤 점에서 다른 건 가요?

컬러 다이아몬드에는 99.95%의 탄소가 존재합니다. 그리고 그 속에 붕소나 리튬, 질소 등이 소량 포함되어 있는데, 이것들의 상태나 양에 따라서 파란색, 빨간색, 노란색 등 여러 가지 색의 다이아몬드가 되죠. 물론 컬러 다이아몬드는 희귀하기 때문에 투명 다이아몬드보다 더 비싼 가격에 팔린답니다.

그렇습니다. 포함되어 있는 원소의 양이나 상태에 따라 얼마든지 여러 색의 다이아몬드가 나올 수 있습니다. 그러므로 컬러 다이아몬드는 가짜 다이아몬드가 아닌 진짜 다이아몬드입니다.

판결합니다. 미스터대박 씨의 '빛나리가 운영하는 보석상' 의 컬러 다이아몬드는 진짜 다이아몬드가 맞으며 이것은 희귀하기 때문에 일반 다이아몬드보다 더 비싼 가격을 매겨도 정당하다고 할 것입니다. 이상으로 재판을 마치겠습니다.

재판이 끝난 후 미스터대박 씨를 의심했던 이웃 주민은 맛있는 저녁 식사에 미스터대박 씨의 가족을 초대해 사과했고, 그 이후에도 미스터대박 씨의 보석상은 여전히 사람들로 붐볐다.

붕소

붕소는 원자 번호 5번의 비금속 원소로 화학자 데이비가 처음 발견했다. 붕소는 붕산염 속에 많이 들어 있지만 바닷물 속에도 약간의 양이 존재한다. 금속 광택이 있는 검은색의 고체이며, 다이아몬드 다음으로 단단하고 조건에 따라 전기를 통하거나 통하지 않아 전류의 흐름을 조절하기에 좋은 전기의 반도체라고 한다. 붕소는 자체로는 잘 쓰이지 않고 다른 물질과 결합한 형태로 이용되는데, 특수한 유리의 원료 등으로 사용된다.

벽돌의 구멍

벽돌을 쌓을 때 반드시 구멍이 위로 향하게 해야 하는 이유는 무엇일까요?

튼실해 씨는 주식으로 벼락부자가 된 사람이다. 그는 부자가 되자마자 늘 꿈에 그리던 자신만의 저택을 짓기로 했다.

"정원과 연못이 있으면 더 좋겠군."

그래서 그는 부실해 건설 회사를 찾아갔다.

"제가 집을 하나 지으려고 하는데요."

"그러십니까? 저희가 회사를 설립한 지 한 달 정도밖에 안 된 신출내기 기업이지만 자금 사정도 좋고 뛰어난 기술자도 많이 있습니다. 자랑은 아니지만 벌써 100억짜리 공사도 따 놓았답니다."

튼실해 씨는 은근히 으스대는 사장의 태도가 썩 맘에 들지는 않았지만 그 정도면 집 짓는 일을 맡겨도 되겠다고 생각했다.

부실해 건설 회사의 신입 사원인 초보 기사 우둔해 씨는 설레는 마음으로 건설 현장에 출근했다. 한 거부의 저택을 짓는 것이기에 사장이 특별히 신경을 써야 한다며 몇 번이나 당부를 했었다. 원래 베테랑 기사와 함께 현장에 투입될 계획이었으나 베테랑 기사가 100억 공사 현장 설명회에 가는 바람에 오늘은 우둔해 씨 혼자 현장에 나오게 되었다.

"음, 이곳이 바로 건설 현장이군."

"어이, 거기 신출내기!"

현장 사무소장이 그를 불렀다.

"네, 소장님!"

"오늘부터 일하게 된 것을 환영하네. 자네가 아직 신출내기라 많은 걸 기대하지는 않겠네. 그래도 기사로서의 기본 지식은 가지고 있겠지?"

"네, 물론이죠. 최선을 다하겠습니다."

그리고는 기사로서의 첫 일을 시작했다. 우둔해 씨는 자신이 학습하고 배운 그대로의 지식을 이용해 인부들을 통솔했다. 벽돌로 짓는 건물이라 벽돌공들의 역할이 매우 중요한 공사였다. 소장은 일을 시켜 놓고 시청 공무원들과 식사를 하러 간 상태라 우둔해 씨 혼자서 소장의 몫까지 분주하게 일을 해야 했다. 근데 이상한 광경을 보았다. 바닥을 정리하고 벽돌공들에게 벽돌을 쌓을 것을 부탁했는데 그들은 벽돌을 구멍이 아래로 향하게 쌓기 시작했다. 분명히 자신이 책에서 배운 내용과 달랐다.

"저기, 김씨! 벽돌 원래 이렇게 쌓는 거예요?"

"네? 그게 무슨 말씀이신지?"

"벽돌 구멍이 위로 향해야 되는 게 아닌가요?"

"우 기사, 일이 처음이라 아직 잘 모르고 어리바리한가 보군요. 벽돌은 구멍이 아래로 향하게 쌓아야 튼튼한 구조가 되는 겁니다. 제가 벽돌공 15년 경력이 있는데 왜 거짓말을 하겠어요?"

"그런 건가요? 제가 아직 초짜라……."

"에이그, 일단 벽돌 쌓는 일은 신경 쓰지 마쇼. 제가 여기 감독이니 걱정 붙들어 매쇼."

"그러시면 감사하죠."

그렇게 해서 벽돌 쌓는 일은 이틀 만에 거의 끝나갔다.

부실해 회사의 사장은 100억 수주 공사를 따내고 와서 튼실해 씨가 부탁한 벽돌집이 잘 돼 가고 있는지 중간 점검하기 위해 현장을 둘러보기로 했다. 비록 현장 소장이 있지만 분명히 공무원들 상대하느라 현장엔 없을 테고 초보 기사가 혼자 일을 맡아 하고 있는 것이 좀 걱정이 되었기 때문이다.

"일이 어디까지 진척되었을까?"

"아마 우둔해 말고도 감독도 있고 하니 벽돌 쌓는 일까지는 다

됐을 겁니다."

베테랑 기사가 안심시켰지만 그래도 사장은 안절부절못하고 당장 현장으로 찾아갔다. 현장에 도착한 사장은 소스라치게 놀랐다. 벽돌 쌓은 것이 완전 반대로 되어 있었다. 구멍이 위로 향해야 할 벽돌들이 모두 아래로 향해 있었다.

"우 기사, 우 기사!"

그는 당장 초짜 기사를 찾기 시작했다.

"사장님, 오셨습니까? 소장님은 지금 나가셨……."

"지금 그게 문제야?"

사장은 우둔해 씨의 말을 자르며 호통을 쳤다.

"도대체 일을 어떻게 한 거야? 자네 눈으로도 보이지? 벽돌이 아래로 향해 있는 것을……."

"네, 저도 벽돌공에게 의문을 제기했지만 그가 더 전문가라 그의 말을 들을 수밖에 없었습니다."

"그걸 말이라고 하나? 당장 벽돌 담당을 데려오게."

그러자 마침 지나가던 김씨가 그 말을 듣게 되었다.

"아니, 무슨 일이기에 저를 찾으십니까? 벽돌을 쌓는 일은 거의 끝나가고 있습니다."

"자네 지금까지 벽돌을 이런 식으로 쌓았나? 벽돌공이라며?"

"네, 저 벽돌공 맞습니다. 그리고 벽돌 쌓는 건 15년이나 해 왔지요."

"분명 벽돌은 위로 향하게 해야 한다는 거 모르나?"

벽돌공은 기가 막힌 듯 말했다.

"아니, 위로 향하든 아래로 향하든 뭐 그리 차이가 있습니까? 모르타르를 채웠으니 충분히 튼튼할 텐데요."

"안 돼, 당장 벽돌 다 허물고 다시 시작하게. 그리고 오늘은 철야 작업일세."

그 말을 듣자 김씨도 울컥했다.

"그런 게 어디 있습니까? 이미 벽돌을 다 쌓았는데 허물다니요?"

"사장이 하라면 하는 것이지, 말이 많아!"

"좋습니다. 그럼 어떤 게 맞는지 화학법정에 의뢰를 해 보죠."

그리하여 이 문제는 화학법정에서 다루어지게 되었다.

구멍이 아래로
향하니까 모르타르가
흘러내리잖아.
이럼 벽이 붕괴
될 수 있다구.

벽돌 구멍에 모르타르가 빈틈없이 채워져야 그 위에 벽돌을
올려놓아도 벽이 붕괴되지 않습니다. 따라서 벽돌은 구멍이 반드시
위로 가도록 쌓아야 합니다.

여기는 **화학법정**

벽돌을 튼튼하게 쌓으려면
어떻게 해야 될까요?
화학법정에서 알아봅시다.

재판을 시작하겠습니다. 먼저 화치 변호사,
의견 말하세요.

벽돌 구멍이 위로 향하든 아래로 향하든 그
게 무슨 상관이 있나요? 벽돌이 단단하기만 하다면 충분히 잘
버틸 거 아닙니까? 대충 손에 잡히는 대로 벽돌을 쌓으면 될
거라고 생각하며 제 주장을 마칩니다.

정말 한심한 변호사야. 그럼 케미 변호사, 의견 말해 주세요.

벽돌 연구소 소장인 김벽돌 씨를 증인으로 요청합니다.

온 몸에 우락부락한 근육이 튀어나온 30대의 남자가
증인석에 앉았다.

증인은 벽돌 공사를 많이 해 보았죠?

그렇습니다.

벽돌의 구멍은 왜 있는 거죠?

벽돌의 무게를 줄여 주는 역할도 하고 그 안에 모르타르를 채
워 벽돌을 튼튼하게 연결하는 역할도 합니다.

그럼 구멍의 위치는 상관없나요?

 아닙니다. 반드시 벽돌 구멍이 위로 향하게 해야 합니다.

 그 이유는 뭐죠?

 그것은 무게를 균등하게 분산시키기 위해서입니다. 벽돌의 구멍에 모르타르를 채우고 다시 그 위에 벽돌을 올려놓는데 이 과정에서 항상 구멍이 위로 향해야 합니다. 만일 구멍이 아래로 향하면 모르타르가 흘러내려 구멍을 완전히 채우지 못하게 됩니다. 그리고 그 빈틈으로 공기가 들어가서 무게가 벽돌 전체에 균등하게 분산되지 않고 벽돌의 양끝이 더 큰 압력을 받게 되면 벽이 붕괴될 수도 있습니다.

 그런 깊은 원리가 있었군요.

 판결합니다. 김벽돌 씨의 증언대로 벽돌을 쌓을 때는 반드시 구멍이 위로 향하도록 쌓아야 한다는 것을 알게 되었습니다. 그러므로 벽돌공 김씨는 벽돌을 다시 쌓을 것을 명령하며, 이 상으로 재판을 마치겠습니다.

재판이 끝난 후 과학공화국에서는 그동안 벽돌을 쌓는 사람들의

 압력

하나의 물체 위에 다른 물체를 올려놓으면 위에 있는 물체의 무게가 아래에 있는 물체에 힘으로 작용한다. 그리고 이 무게를 아래 있는 물체와 닿는 면적으로 나눈 값이 아래 있는 물체가 받는 압력이다. 물체에 작용하는 압력을 작게 하기 위해서는 힘을 받는 면의 넓이를 크게 하거나 가하는 힘을 작게 하면 된다.

마음대로 구멍의 위치를 정하던 것을 반드시 구멍이 위로 올라오
게 쌓아야 한다는 규정을 만들어 공사업자들에게 홍보하였다.

종이 쉽게 찢기

돈에 물을 묻혀 찢으면 더 잘 찢어지는 원리는 무엇일까요?

사건속으로

금일봉 씨는 조폐 공사에서 일하는 공무원이다. 그는 세상을 움직이는 돈을 다루는 일을 하는데 무한한 자부심을 가지고 있다. 이 돈이란 종이 쪼가리가 사람들을 웃기고 울리는 것이 늘 신기했다. 최근 그는 승진을 하여 화폐 폐기부로 부서를 옮기게 되었다.

"이제 나도 엄연한 부장이구나. 화폐 폐기부는 이제 내가 책임진다."

처음 맡은 직무라 금일봉 씨는 배울 것이 많았다.

"저는 돈좋아 과장입니다. 새로 발령 받으신 것을 축하드립니다."

"그런가? 고맙네. 잘 부탁하네."

"저야말로 잘 부탁드리지요. 우선 저희 부서가 하는 일은 말 그대로 헌 화폐를 수집하여 폐기하고 중간 등급의 화폐는 다시 수선하여 사회로 되돌리는 일입니다. 그야말로 화폐 중 가장 더럽고 망가진 화폐를 다루느라 아마도 다른 부서에 비해 일이 배로 힘들 거라는 것이 저의 생각입니다."

그 말에 금일봉 씨도 동의하는 듯 고개를 끄덕였다.

"저번 부서에서도 얼핏 들었지만 정말 힘들다고 하더군. 직원들 간에 발령을 꺼리는 이유가 아마 그것 때문이겠지."

"그래도 망가진 화폐를 다시 수선하여 사회로 보내는 일은 참 보람된 일이지요. 돈으로서의 가치를 상실할 뻔했던 돈을 다시 임무를 다할 수 있게 하는 건 즐거운 일이지요."

금일봉 씨는 왠지 이번 일이 지루하지는 않겠다는 생각을 하며, 현장에 가 보았다. 현장의 한쪽에서는 직원들이 열심히 돈을 분류하고 있었고, 다른 한쪽에서는 분류된 돈을 여기저기 손보고 수선하고 있었다. 작업 환경과 분위기는 좋은 듯했다.

"근데 우리 부서가 이번에 대폭 개편을 하게 되어 사람을 더 고용할 여유가 생겼습니다."

듣고 보니 아주 좋은 소식이었다.

"그럼 직원을 더 모집해도 된다는 말이군."

"네, 그렇죠. 지금 공개 모집을 한 상태이고 곧 면접을 볼 예정입니다. 부장님도 면접위원으로 참석하셔야 합니다."

"나야 즐겁지."

서류 심사를 마치고 다섯 명의 직원이 면접을 통과했다. 면접 과정은 매우 까다로웠으나 화폐에 대한 가치관이 뚜렷하고 재치 있는 인재를 기준으로 뽑았다. 그래서 이번 신입 사원들은 그런 면에서 아주 엘리트라고 할 수 있었다.

"자네가 보기엔 어떤가? 이번 채용이 잘된 것이라 생각하는가?"

금일봉 씨가 돈좋아 과장에게 물었다.

"네, 이번엔 아주 똑똑하면서 자기 일에 자부심을 가질 직원들이 많을 것이라 생각됩니다."

그리고 신입 사원들에게 업무 파악을 위한 교육을 시키기 시작했다.

"에~ 우리 부서가 폐기부인 건 잘 알고 계실 겁니다. 그렇다고 모조리 다 폐기하는 건 아니고 재생을 하거나 수선을 하는 과정도 있으며, 세척을 하는 일도 있으니 희망하시는 분야가 있으면 지원하셔도 좋습니다."

그렇게 신입 사원들의 부서 발령까지 끝냈으며, 그중 절반해라는 신입 사원은 폐기 공정에 투입되었다.

"음, 자네가 오늘부터 할 일은 분류해서 나온 아주 쓸모없는 화폐들을 반으로 찢어 아예 돈 구실을 못하게 하는 걸세. 즉 폐기물을 가르는 과정이라고 볼 수도 있겠지."

"아~ 네, 흥미 있군요."

절반해 씨는 왠지 자기에게 딱 맞는 일인 것 같아 재미있을 것이라 생각했다.

"저기 있는 분이 이 일만 20년간 하신 베테랑이시니 이것저것 모르는 것 있으면 물어보고 많이 배우게. 그리고 분류를 했지만 그래도 사람이 하는 일이니 오차가 있을 수 있어. 자네가 보고 아직 재생 가능성이 있는 화폐는 따로 빼놓는 것 잊지 말고."

"네, 열심히 하겠습니다."

"음, 자네 맘에 드는데! 어서 일 시작하게."

처음 절반해 씨는 돈이 좀 지저분해서 냄새도 나고 찝찝했으나 그래도 자신이 그렇게 좋아하는 돈이 눈앞에 산더미같이 있으니 묘하게 일의 재미가 나는 것 같았다.

"어때? 할 만한가?"

베테랑 20년 고참이 절반해 씨를 챙겨 주며 말을 건넸다.

"네, 재미있네요."

"재미는 무슨! 자네가 공사에서 일한다는 자부심만 가지고 있어도 되는 거야."

그런데 일을 하다 보니 절반해 씨는 한 가지 의문이 생겼다.

'이거 그냥 찢는 것보다 물에 적셔서 찢으면 훨씬 빨리 할 수 있을 것 같은데?'

왠지 그런 생각이 든 절반해 씨는 물을 잔뜩 떠 와 돈에 물을 조금 적셔 찢어 보았다. 그랬더니 훨씬 잘 찢어지고 속도도 나는 것 같았다.

작업반장은 부서를 돌아보다가 신입 사원이 이상한 짓을 하는 것을 보았다. 갑자기 물통을 가져오더니 돈을 물에다 적시는 것이었다.

'저 사람, 도대체 무얼 하는 거지? 물통을 어디다 쓰려는 거지?

그리고는 물에 젖은 돈을 찢는 것이었다.

'완전 미친 거 아니야?

"이봐, 자네 말일세."

절반해 씨는 한창 작업에 몰두하느라 자신을 부르는지도 모르고 계속 돈을 물에 적시고 있었다.

"이봐!"

절반해 씨는 그제야 고개를 들고 주위를 두리번거렸다.

"저 말이십니까?"

"자네, 왜 돈을 물에 적시고 있는 건가?"

"아, 이거요. 제가 생각을 해 봤는데 이렇게 하면 더 수월할 것 같아서요."

"돈을 물에 적시면 안 된다는 규정이 있는 것 모르나? 환경보호 차원에서 금지하고 있네."

"얼마나 물을 쓴다고 그러십니까? 이게 훨씬 편한데요."

"어허, 이 사람 뭘 모르네. 그런다고 얼마나 편할 거라고 생각하

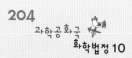

나? 규정에 맞게 일을 하게. 아무리 요즘 사람들이 독특하다 하지만 이건 좀 아니라고 생각하네."

"아무리 국가에서 운영하는 관료직이지만 너무 고지식하군요. 부하 직원이 좀더 효율적으로 일하려고 하는 게 뭐가 그리 잘못된 건지 모르겠네요."

"어쨌든 자네 방식은 잘못되었네."

"아무리 그러셔도 저는 제 방식대로 지폐를 물에 적셔 찢을 겁니다."

"좋아, 그럼 어디 화학법정에 이 문제를 의뢰해 보도록 하지."

그리하여 이 사건은 화학법정에서 다루어지게 되었다.

종이는 셀룰로오스 섬유로 되어 있는데 종이에 물을 묻히면
물 분자들이 섬유질 속으로 흘러들어 결합력을 약화시키기 때문에
찢기 쉬워집니다.

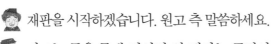

종이를 물에 젖게 하여 찢으면 어떻게 될까요?
화학법정에서 알아봅시다.

재판을 시작하겠습니다. 원고 측 말씀하세요.

피고는 돈을 물에 적시면 안 된다는 규정이 있음에도 불구하고 규정을 어기고 지폐를 찢을 때 물에 적셔 찢고 있습니다. 이 규정은 환경보호 목적으로 만들어진 것인데, 그 규정을 어겼으므로 피고가 한 행동은 옳은 행동이 아니라고 생각합니다.

엄연히 규정이 있음에도 그 규정을 어기면서까지 물을 적시는 데는 특별한 이유가 있을 것이라 생각하는데요, 피고 측 변론하십시오.

피고가 지폐에 물을 적셔 찢는 작업을 하는 것은 물을 적셔 지폐를 찢는 것이 훨씬 힘이 덜 들고 편하기 때문입니다. 이를 증명하기 위해서 한국대학교의 물리학과 교수이신 문리 교수를 증인으로 요청합니다.

머리가 희뿌연 50대 후반의 한 남자가 증인으로 나 왔다.

마른 종이를 찢는 것보다 젖은 종이를 찢는 것이 더 쉽습니까?

그렇습니다.

왜 마른 종이보다 젖은 종이를 찢는 것이 더 쉬운가요?

종이는 셀룰로오스라는 섬유로 되어 있습니다. 따라서 종이를 찢으려면 종이를 이루는 셀룰로오스 섬유 사이의 결합을 끊어야 합니다. 셀룰로오스 섬유 사이의 결합은 정전기적 인력이라고 하는 힘에 의해 유지되고 있는데, 만약 물이 있으면 이 정전기적 인력이 사라지면서 결합력의 크기가 약화되어 섬유 사이의 결합을 끊기가 쉬워지게 됩니다. 따라서 종이가 물에 젖으면 물 분자들이 셀룰로오스 섬유 속으로 흘러들어 섬유 사이의 결합력을 약화시켜 쉽게 찢어지는 거랍니다.

그렇군요. 판사님, 증인의 증언에 따르면 마른 종이를 찢는 것보다 젖은 종이를 찢는 것이 훨씬 더 쉽고, 그것은 개인적으로 느끼는 개인차가 아니라 과학적인 이유가 있음을 알 수 있습니다. 따라서 피고의 행동은 전혀 옳지 못한 행동이 아니라고 생각됩니다. 오히려 재래 규정이라고 해서 불편함을 무릅쓰고 꼭 규정을 따라야만 하는 관료적인 행동이 더 옳지 못한 행동이라고 생각합니다.

판결합니다. 마른 종이보다 젖은 종이가 셀룰로오스 섬유 사이의 결합력의 크기가 약해져 훨씬 더 찢기 쉽다는 사실이 밝혀졌습니다. 따라서 피고가 폐기 처분할 지폐에 물을 적셔서

찢는 것은 좋은 방법이라 생각됩니다. 원고가 피고뿐 아니라 모든 직원에게 규정만을 따르게 할 것이 아니라 규정과 다르더라도 더 유용한 방법이 있다면 그 방법을 사용할 수 있도록 하는 것이 훨씬 더 올바른 상사의 행동이라고 할 것입니다. 이상으로 재판을 마치겠습니다.

재판이 끝난 후 작업반장은 규정대로 하지 않았다는 이유로 질책을 했던 것에 대해 절반해 씨에게 사과를 했다. 폐기 지폐를 찢을 때는 물을 적셔 찢는 것이 더 쉽다는 사실이 알려지자 그 후 지폐 찢는 일을 담당하는 사람들은 모두 지폐를 물에 적셔 찢는 방법을 사용했다.

 정전기

서로 다른 두 물체를 마찰시키면 하나의 물체는 양의 전기를 띠고 다른 물체는 음의 전기를 띠게 된다. 이때 생긴 전기는 이동하지 않고 제자리에 있기 때문에 정지해 있는 전기라는 뜻으로 정전기라 부른다. 그리고 자석의 서로 다른 극이 당기는 것처럼 양의 전기를 띠는 물체와 음의 전기를 띠는 물체 사이에는 서로 당기는 힘이 작용하는데, 이 당기는 힘을 정전기적 인력이라고 한다.

다이아몬드보다 강한 놈

다이아몬드는 칼로 자를 수 없다고요?

직원 구함

저희 다이아몬드 공장에서 인재를 찾습니다. 저희 다이아몬드를 누구보다 사랑해 주실 분은 XXX-OOOO로 연락 바랍니다.

– 다이아몬드는 내 운명 공장 –

이 광고를 보고 많은 문의 전화가 왔다.

"안녕하세요? 거기 '다이아몬드는 내 운명' 공장이죠? 혹시 거기서 일하게 된다면 다이아몬드 부스러기를 공짜로 얻어 갈 수 있나요?"

"저기, 저는 온 몸을 다이아몬드로 치장하고 있는 여자, 허영심이에요. 제 열 손가락 중에서 일곱 손가락이 다이아몬드로 반짝반짝 빛나고 있답니다. 호호, 이만하면 누구보다도 다이아몬드를 사랑하죠?"

"강아지는 안 되나요? 우리 집 강아지는 다이아몬드를 너무 좋아해서 계속 제 다이아몬드 반지를 자기 밥인 줄 알고 먹어 버리네요. 제발 우리 강아지 좀 들고 가세요. 지금 몇 개째 먹은 줄 아세요?"

놀부 사장은 이런 전화 수십 통을 받고는 어이가 없었다.

"아니, 직원을 구한다는데 왜 다 쓸데없는 전화들 뿐이야. 안 되겠어. 마지막 한 통만 더 받고 전화선 뽑아 버릴 테다."

그때 마침 전화벨이 울렸다.

'따르릉~!'

"마지막 전화군. 이번에야말로 제대로 된 사람이기를! 여보세요?"

"저, 거기 혹시 자장면 집입니까?"

"켁, 여기 자장면 집 아닙니다."

놀부 사장은 화를 버럭 내며 전화를 끊어 버렸다.

"원 이래서야 어디 직원이나 구하겠어?"

놀부 사장은 씩씩거리며 전화선을 뽑아 버렸다. 그때였다.

'똑똑!'

"누구십니까? 들어오세요."

"안녕하십니까? 광고 보고 이렇게 찾아왔습니다. 마침 제가 지나다니면서 여러 번 봤던 공장이라 전화 대신 이렇게 직접 발걸음을 했습니다. 사람 안 구하셨다면 저는 어떠신지요? 이래 뵈도 참 성실하고 괜찮은 사람입니다."

'자기 입으로 성실하고 괜찮은 사람이라 말하다니, 이거 보통내기가 아닌데?'

"좋아, 그럼 즉석에서 다이아몬드로 5행시를 지어서 내 마음에 들면 바로 고용하지요, 어떤가요?"

"운을 띄우시지요."

"다!"

"다양한 빛깔이 아름답기도 하여라!"

"이!"

"이상하지? 어떤 보석이기에 보기만 해도 이내 맘을 뒤흔들꼬."

"아!"

"아~ 저건 바로 다이아몬드구나."

"몬!"

"……."

"몬!"

"사장님, 제가 졌습니다. 항복입니다."

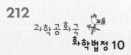

"후후, 항복이라? 당신이 이렇게 찾아온 용기가 가상해서 내 당신을 채용하리다. 당장 오늘부터 일을 배울 수 있겠소? 성함이 어떻게 되오?"

"예, 홍돌맹이라고 합니다. 잘 부탁드립니다."

첫인상이 놀부 사장 마음에 쏙 들지는 않았지만 홍돌맹의 밝고 씩씩한 모습에 사장은 흡족한 미소를 띠었다. 그날부터 홍돌맹은 놀부 사장 밑에서 열심히 일했다.

"홍돌맹 군, 자네가 우리 공장에 온 지 벌써 한 달이 다 되었군. 정말 열심히 일해 주었네. 그런데 말이야, 내가 내일부터 며칠간 찡하오에 출장을 다녀와야 할 것 같아. 찡하오엔 다이아몬드가 정말 싸다더군. 우리나라 다이아몬드보다 훨씬 빛나고 말이야. 그래서 직접 보고 오려는데 자네 혼자 며칠간 공장을 봐줄 수 있겠나?"

"사장님, 당연하죠! 저 홍돌맹을 믿고 다녀오십시오."

"후후, 자네는 언제나 자신감이 넘쳐서 좋아. 알았어, 내가 자네만 믿고 다녀오지."

그렇게 놀부 사장은 찡하오로 출장을 떠났다. 홍돌맹은 사장이 자기에게 공장을 맡기고 떠나자 자신이 사장이 된 듯 한 기분이 들어 왠지 기분이 좋았다. 그런데 놀부 사장이 찡하오로 떠난 당일 오후부터 갑자기 소비자들의 주문이 쉴 새 없이 들어왔다.

당황한 홍돌맹은 급히 주문을 처리하기 시작했다.

"어라? 가공되어 있는 다이아몬드로는 부족하네. 공장에 가서 좀 잘라 와야겠는걸."

홍돌맹은 다이아몬드를 자르기 위해 후다닥 공장으로 뛰어갔다.

"아니, 왜 안 잘리지? 칼로 자르면 되는 것 아닌가?"

다이아몬드는 아무리 힘을 써도 잘리지 않았다.

"으악! 왜 이렇게 안 잘리는 거야? 사장님은 찡하오에 가셔서 연락할 수도 없는데……."

홍돌맹이 아무리 안간힘을 써도 다이아몬드는 잘리지 않았다. 며칠을 애써 봐도 소용이 없었다. 결국 소비자들의 주문은 계속 밀리게 되었고 기다리다 지친 고객들은 주문을 취소하였고 단골 고객 역시 화가 나서 다이아몬드 공장 거래처를 다른 곳으로 옮겨 버렸다.

그리고 마침내 놀부 사장이 돌아왔다. 놀부 사장이 돌아와서 공장 현황을 보니 참 가관이었다. 그동안 주문은 하나도 못 받았으며, 단골 고객마저 다 끊어진 상태였다. 놀부 사장은 너무 화가 나서 홍돌맹에게 소리를 질렀다.

"홍돌맹, 잘할 수 있다더니 이게 무슨 짓이야? 그동안 주문 들어온 걸 왜 제대로 처리 못한 거야? 지금 내 공장 망하게 하려고 일부러 그런 거야? 너 딴 공장 스파이지, 그렇지?"

"사장님, 그게 아니라 다이아몬드가 안 잘려지는 걸 어떡합니까?"

"그걸 말이라고 해? 지금 당장 손해 배상해. 알겠어?"

그리하여 이 사건은 화학법정에서 다루어지게 되었다.

다이아몬드를 자를 때는 도끼를 다이아몬드의 결 방향으로
향하게 하고 도끼의 윗부분을 망치로 조심스럽게 치면 결
방향으로 깨끗하게 다이아몬드가 갈라진답니다.

여기는 **화학법정**

다이아몬드는 어떻게 자를까요?
화학법정에서 알아봅시다.

 재판을 시작합니다. 피고 측 변론하세요.

 피고는 원고가 없는 동안 다이아몬드 공장을 열심히 이끌어 보려 노력했습니다. 그러나 다이아몬드가 잘리지 않는 것을 어떡합니까? 잘리지 않는 다이아몬드가 피고의 탓은 아니지 않습니까? 분명 다이아몬드 공장의 다이아몬드에 이상이 있어서 너무 딱딱해져 잘려지지 않은 것입니다. 따라서 피고는 손해 배상을 할 이유가 없습니다.

 원고 측 변론하세요.

 보석 전문가인 주얼리아 씨를 증인으로 요청합니다.

온 몸을 보석으로 치장한 한 여성이 증인으로 나왔다.

 다이아몬드를 칼로 자를 수 있습니까?

 뭐라고요? 말도 안 돼요. 어떤 바보가 다이아몬드를 칼로 자르나요?

다이아몬드는 칼로 자를 수 없나요?

물론이죠. 다이아몬드보다 더 단단한 물질은 없어요. 미국의 한 연구팀이 더 단단한 복합 물질을 만들어 냈다고 주장하지만, 아직까지는 다이아몬드가 가장 단단한 물질로 인정받고 있어요.

그렇군요. 그렇다면 다이아몬드보다 더 단단한 물질이 없다는 말인데 그럼 다이아몬드를 어떻게 자르나요?

다이아몬드에도 나무처럼 결이 있어요. 이 결을 따라 힘을 잘 가하면 깨끗하게 자를 수 있죠. 도끼를 다이아몬드의 결 방향으로 향하게 하고 도끼의 윗부분을 망치로 조심스럽게 치면 다이아몬드가 결 방향으로 갈라지게 된답니다.

증언 감사합니다. 판사님, 다이아몬드를 자르려면 결대로 자르면 되는군요. 그런데 피고는 바보같이 결도 찾지 않고 아무 방향으로나 칼로 자르려고 했으니 다이아몬드를 자를 수 없었던 것입니다. 이는 제대로 알지 못한 피고의 탓임이 명백합니다. 그런데다 피고 때문에 원고는 그동안의 단골손님들을 모두 잃게 생겼습니다. 그러니 그 피해를 보상해야 할 것입니다.

판결합니다. 원고는 원고가 없는 동안 피고에게 다이아몬드 공장을 맡겼고, 피고는 그동안 일을 제대로 하지 못해 영업에 큰 문제가 발생했습니다. 따라서 그 피해에 대해서 보상을 해야 함이 확실합니다. 그러나 원고는 피고에게 미리 다이아몬드를 자르는 방법을 가르쳐 주고 그 외의 주요한 업무에 대해서도 일러 주었어야 했는데 그러지 못했으므로 원고에게도 일정 책임이 있습니다. 따라서 피고는 원고가 입은 피해의 50%만 배상할 것을 판결합니다. 이상으로 재판을 마치겠습니다.

　재판이 끝난 후 홍돌맹 씨는 다이아몬드 공장 사장에게 피해를 보상해 주었다. 사장은 미리 다이아몬드 자르는 법을 가르쳐 주지 않은 것을 홍돌맹 씨에게 사과하며 앞으로도 계속 일해 줄 것을 부탁했다.

 다이아몬드

석탄과 다이아몬드는 모두 탄소로 이루어져 있지만 다이아몬드는 엄청난 압력을 받아 만들어지기 때문에 매우 단단한 구조를 가진다. 보통 석탄은 400℃ 정도에서 불에 타지만 다이아몬드는 800℃ 이상이 되어야 불이 붙는다.

충전지 수명이 짧아졌잖아요?

충전지를 오래 쓰려면 어떻게 해야 할까요?

사건속으로

날씨입니다. 오늘은 어제에 이어 무더운 날씨가 계속될 것으로 보입니다. 최고 온도는 35℃로 예상되므로 모두 은행에 놀러 가시거나 선풍기 앞에서 수박이나 드시면서 여름을 시원하게 보내시기 바랍니다.

과학공화국의 핫동네에서는 유난히 날씨가 더워 여름이면 보통 30℃를 넘기기가 일쑤였고 일기 예보는 항상 더울 거라는 말밖에 하지 않았다. 난로를 제조하는 늘더워 씨와 그 옆 사무실에서 가스레인지를 제조하는 앗뜨거 씨는 여름이면 너무 더워 일을 하기 싫을 정도였다.

"앗뜨거 씨, 우리 이렇게 일하다가는 삼계탕처럼 쪄 죽겠어요."

"늘더워 씨도 그래요? 그럼 우리 저기 로우마트에서 휴대용 선풍기 싸게 팔던데 그거라도 삽시다."

"아, 로우마트로 가용~ 광고하던 로우마트에서요? 어서 가서 하나씩 구입합시다."

바로 옆 사무실이라 친해진 두 사람은 이번 여름을 시원하게 나기 위해 휴대용 선풍기를 구입하기로 했다. 두 사람은 로우마트로 가서 한 손에 쏙 들어오는 휴대용 선풍기를 고르고 있었다. 마침 옆에서 지켜보던 직원이 다가와 휴대용 선풍기를 하나 추천했다.

"고객님, 이 선풍기 안에는 니켈 충전지가 있어서 계속 충전해서 쓰실 수 있고요. 단돈 99달란에 드리고 있습니다."

"아니, 100달란이면 100달란이지 99달란은 뭐여?"

"그래도 충전해서 쓸 수 있다니깐 그냥 삽시다."

너무 더워서 그냥 생활할 수 없었던 두 사람은 99달란을 주고 각각 휴대용 선풍기를 사서 왔다.

"조그만 게 바람은 엄청 시원하네."

늘더워 씨는 휴대용 선풍기에 만족하면서 다시 더운 사무실로 돌아왔다. 사무실엔 비서 채용 면접을 보러 온 다견녀 양이 기다리고 있었다.

"자네, 더위는 잘 참을 수 있는가?"

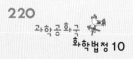

"네, 더위를 타지 않는 체질이라 여름에도 긴팔을 입고 다닐 정도입니다."

"오호라, 그래? 그럼 잘됐네, 바로 채용하겠어."

사실 늘더워 씨의 사무실은 난로를 제조하는 곳이었기 때문에 채용된 비서들마다 하나같이 더위를 못 견뎌 사표를 쓰고 나가 버리기 일쑤였다. 이전 비서도 더위를 못 참겠다는 말과 함께 사라졌던 터라 늘더워 씨는 새로운 비서를 찾고 있었는데 다행히 다견뎌 양이 더위를 타지 않는다는 말에 당장 채용하였다. 그렇게 다시 정상적으로 사무실은 돌아갔고 다견뎌 양도 어느 정도 비서 일에 적응이 되었다.

"다견뎌 양, 나 저기 앞에 냉장고 제조 사무실에 놀러 갔다 올게."

"네, 그러세요."

"아참, 그리고 그동안 이 휴대용 선풍기 전지 좀 충전시켜 줘. 갔다 와서 계속 쓸 수 있게."

"네, 알겠습니다."

늘더워 씨는 아직 돌아가는 휴대용 선풍기를 다견뎌 비서에게 넘기고 도망치듯 사무실을 빠져나갔다. 다견뎌 양은 인사를 하고 바로 휴대용 선풍기에서 전지를 꺼냈다. 아직 완전히 방전되지 않았지만 어서 전지를 충전시켜 놔야 사장님이 좋아할 거라는 생각에 바로 니켈 충전지를 충전시켰다. 그리고 해가 떨어질 때쯤 늘더워 씨가 사무실로 돌아왔다.

"사장님, 여기 충전 다 됐습니다."

"이야, 역시 다견려 비서가 일은 똑 부러지게 잘 하네."

"남들이 저보고 똑순이라고 하기는 해요. 오호호호!"

"음~ 그, 그래? 하여튼 고맙네."

시간은 흐르고 여름의 막바지로 치달아 더위도 한껏 마지막 힘을 내고 있는 날이었다. 더위가 한풀 꺾였다고는 하지만 여전히 덥기는 마찬가지라서 그날도 늘더워 씨와 앗뜨거 씨는 손에서 휴대용 선풍기를 놓을 새가 없었다.

"얼른 가을이 와야 이 선풍기도 안 쓸 텐데 말이야."

"맞아. 아직 이 선풍기 없이는 어디도 못 가겠다니깐. 하하하!"

그렇게 두 사람이 바람을 쐬면서 이야기를 나누고 있는데 갑자기 '턱' 하는 소리와 함께 늘더워 씨의 휴대용 선풍기가 작동을 멈췄다.

"어? 이게 왜 이러지?"

"충전한 걸 다 쓴 모양인데? 나처럼 미리미리 충전을 해 놨어야지."

"어라~ 아닌데, 분명히 1시간 전에 충전시켰는데……."

늘더워 씨는 이상하게 생각하면서 충전지를 꺼내 다시 충전시켰다. 하지만 아무리 충전시켜도 휴대용 선풍기는 다시 시원한 바람을 만들 생각이 없어 보였다.

"벌써 충전지 수명이 다했나 보군."

"벌써? 자네 것은 멀쩡하잖아?"

늘더워 씨의 선풍기만 멈춰 있을 뿐 사실 앗뜨거 씨의 선풍기는 아직도 열심히 돌아가고 있었다. 순간 늘더워 씨는 눈을 작게 뜨면서 왜 자기 것만 수명을 다했는지 생각해 보았다.

"이거, 나한테 불량품 판 거 아니야?"

"에이, 설마 그랬을라고."

"그건 모르는 일이지, 감히 나에게 불량품을 팔다니! 로우마트로 다시 가 봐야겠어."

그래서 늘더워 씨는 앗뜨거 씨와 함께 휴대용 선풍기를 팔았던 로우마트로 갔다. 로우마트에서는 여전히 친절한 얼굴로 둘을 맞았다.

"어서 오십시오. 손님, 뭘 보여 드릴까요?"

"보여 줄 건 없고, 내 선풍기의 충전지가 불량품인 것 같아서 왔소."

늘더워 씨는 선풍기 없이 로우마트까지 오느라 이마에 땀이 송골송골 맺혔다. 그래도 불량품은 다시 보상 받아야겠다는 생각에 손으로 부채질까지 하며 점원에게 말했다.

"네? 제가 보기에는 불량품이 아닌 것 같은데요."

"불량품이 아닌 게 수명이 이렇게 짧은 거요? 옆에 있는 이 친구랑 같이 샀는데 왜 내 것만 안 되는 거요?"

점원은 이리저리 살펴보더니 왜 그런지 이유를 알겠다는 듯이 웃었다. 그리고 화가 나 있는 늘더워 씨에게 조심스럽게 말했다.

"이건 충전지가 불량품인 게 아닙니다."

"뭐요? 그렇다면 왜 내 것만 빨리 끝난 거요?"

계속 웃고 있는 점원과 달리 늘더워 씨는 큰소리로 다그치듯 얘기했다.

"그건 손님께서 충전지를 제대로 관리하지 않으셨기 때문에 다른 충전지보다 수명이 짧아진 것입니다."

그러면서 점원은 들고 있던 충전지를 상냥하게 늘더워 씨에게 건네주었다. 늘더워 씨는 퉁명스럽게 받아내고는 이해할 수 없는지 미간을 찌푸렸다.

"괜히 보상해 주기 싫어서 내 책임으로 모는 거 아니에요? 저는 특별히 관리를 더 안 한 것도 없다고요."

"하지만 손님, 보시면 분명히 불량품이 아닙니다. 손님의 관리 소홀이……."

"아 글쎄, 나는 관리를 소홀히 한 적이 없다니까요."

불량품이 아니라서 보상해 줄 수 없다는 점원의 말에 늘더워 씨는 화가 났다. 분명히 보상해 주기 싫어서 거짓말을 하는 것이라고 생각했기 때문이다. 그래서 결국 늘더워 씨는 로우마트를 화학법정에 고소했다.

니켈이 들어 있는 2차 전지는 전지를 조금 사용한 다음 다시 충전하면 수산화니켈이 더 이상 니켈 이온과 수산화 이온으로 전기 분해되지 않아 전지의 수명이 짧아진답니다.

충전지의 수명이 왜 짧아졌을까요?
화학법정에서 알아봅시다.

 재판을 시작합니다. 먼저 피고 측 변론하세요.

 화학 반응을 이용하여 전기 에너지를 저장하는 장치를 충전지라고 하고 충전지에 저장된 전기 에너지를 사용하는 것을 방전이라고 합니다. 그러므로 같은 양의 전기 에너지가 충전되어 있다 하더라도 얼마나 전기 에너지를 많이 자주 사용했는가에 따라 충전지의 수명은 달라지는 것입니다. 그러므로 이번 사건은 원고가 휴대용 선풍기를 자주 사용해서 충전지가 빨리 닳은 것이지 로우마트 측의 잘못은 없다는 것이 본 변호사의 생각입니다.

 원고 측 변론하세요.

 충전방전 연구소의 이충방 박사를 증인으로 요청합니다.

배가 볼록하게 튀어나오고 머리가 벗겨진 50대의 남자가 증인석에 앉았다.

 충전지와 건전지는 어떻게 다른 건가요?

 보통 충전이 안 되는 전지를 1차 전지라고 하고, 충전이 되는

전지를 2차 전지라고 합니다.

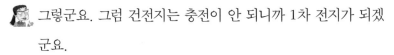

그렇군요. 그럼 건전지는 충전이 안 되니까 1차 전지가 되겠군요.

그렇습니다.

그럼 충전지에서는 어떻게 해서 충전과 방전의 과정이 일어나는 거죠?

충전이 가능한 2차 전지에는 주로 니켈이 들어 있습니다. 충전지 속의 니켈은 수산화니켈의 형태로 존재하는데 이때 수산화니켈이 양의 전기를 띠는 니켈 이온과 음의 전기를 띠는 수산화 이온으로 변하면서 전기를 전달하여 방전이 일어납니다.

그럼 늘더워 씨의 충전지는 무엇이 문제였던 것입니까?

늘더워 씨의 충전지는 니켈이 들어 있는 충전지예요. 니켈이 든 충전지는 조금 사용한 다음 금방 다시 충전하게 되면 앞서 말씀드린 충전지 속 수산화니켈이 더 이상 니켈 이온과 수산화 이온으로 전기 분해되지 않아 금방 전지의 수명이 다하게 된답니다.

그래서 늘더워 씨의 충전지가 빨리 닳은 거군요. 그럼 판사님, 판결 부탁드립니다.

이번 사건은 충전지의 사용법에 대해 제대로 알려 주지 않은 로우마트 측의 책임이 더 크다고 봅니다. 만일 손님에게 완전히 방전된 후 충전하라고만 했더라도 이런 재판은 없었을 거라는게 본 판사의 견해입니다. 이상으로 재판을 마치겠습니다.

재판이 끝난 후 로우마트의 충전지 코너에는 '니켈이 들어 있는 충전지를 가진 분은 완전히 방전된 후 충전하세요' 라는 메시지가 붙었다.

 리튬 전지

충전해서 사용할 수 있는 2차 전지에서 완전히 사용하지 않고 충전했을 때 용량이 줄어드는 것을 메모리 효과라고 한다. 니켈을 이용하는 2차 전지와는 달리 리튬을 이용하는 2차 전지는 메모리 효과가 적어 사용자가 수시로 충전을 시켜도 충전지의 수명에는 큰 차이가 나지 않는다. 단지 충전할 때 전용의 충전기가 아니면 폭발의 위험이 있고, 가격이 비싼 것이 흠이지만 여러 가지 장점(특히 작은 크기에 많은 용량을 충전할 수 있는 장점) 때문에 요즘 대부분의 휴대폰이나 노트북, 디지털 카메라 등에 많이 사용되고 있다.

유전에 불이 났어요

유전 지역에 불이 나면 폭탄을 떨어뜨려 끈다고요?

사건속으로

"뭐? 이 옷이 1,000달란밖에 안 해?"

"1,000달란밖에가 아니라 1,000달란이나 하는 옷인데요?"

"뭐 어쨌든 이 옷도 카드로 사겠어."

과학공화국에서 알아주는 부자인 참기름 씨가 백화점 쇼핑을 나왔다. 그녀는 워낙 부자였기 때문에 한번 백화점 쇼핑을 나오면 쇼핑백을 두 손으로도 잡기 힘들 만큼 많이 사기로 유명했다. 그래서 백화점 점원들의 부러움을 사는 존재였다.

"어머, 저기 최고 부자 참기름 씨잖아. 어쩜~ 너무 부러워!"

"얘는, 뭐가 부럽니? 저게 다 석유 돈이잖아."

"응? 석유?"

"저 여자가 그냥 땅을 사 놓았는데 그게 글쎄 석유가 있는 유전 지역이지 뭐야. 그래서 하룻밤 사이에 벼락부자가 된 거래."

"그래? 그렇지만 나도 참기름 씨가 입는 옷, 저거 한번 입어 봤음 소원이 없겠다."

참기름 씨는 열심히 일하던 농부의 아내였다. 열심히 농사일을 해 모은 돈으로 땅을 샀는데 그 지역이 아직 알려지지 않은 유전 지역이었고, 참기름 씨는 정말 로또에 당첨된 것보다 더한 부자가 되었던 것이다.

"여긴 이제 내가 살 옷이 없네. 전부 싸구려야."

"그래도 모두 샤놀, 루이피똥, 바바리 같은 초고가 브랜드인데요."

"그래도 나에게 맞지 않아. 좀더 비싼 걸 찾아봐야겠어."

참기름 씨는 부자가 되고 나서부터는 열심히 일하던 때는 다 잊어버리고 하루가 멀다 하고 사치스런 나날을 보내고 있었다. 참기름 씨가 여느 때처럼 백화점에서 지름 신을 등에 업고 마구 쇼핑을 하고 있을 때였다.

'뱀이다아~ 뱀이다아~ 몸에 좋고 맛도 좋은 뱀이다아~'

갑자기 트로트 벨소리가 울렸고 참기름 씨는 호랑이 가죽으로 만든 핸드백에서 다이아몬드로 튜닝된 후라다 폰을 꺼냈다.

"여보세요? 들깨 씨, 웬일이야?"

"사모님, 큰일났습니다. 지금 사모님의 유전 지역에 불이 났습니다."

"뭬야? 불이라니?"

"지금 유전 지역 근처 건물에 불이 났는데 곧 유전 지역으로도 번질 것 같습니다."

"어머머머, 그게 무슨 소리야! 일단 빨리 갈게."

참기름 씨는 자신의 전 재산인 유전 지역이 불로 다 타버릴까 싶어 서둘러 유전 지역으로 갔다.

"김 기사~ 출발해~ 어서!"

허겁지겁 도착한 유전 지역에는 이미 많은 사람들이 몰려와 불구경을 하고 있었다. 불은 유전 지역 바로 옆에 있는 가건물을 벌겋게 감싸고 있었다. 그리고 바람이 불면서 불은 점점 유전 지역 쪽으로 옮겨 붙기 시작했다.

"사모님, 이게 무슨 일이랍니까?"

절망스러워하는 참기름 씨 옆에 어느새 비서인 들깨 씨가 와서 위로하고 있었다.

"이러다가 내 석유가 모두 불타 버리면 어떡하지? 내 석유들, 내 돈들!"

참기름 씨는 주저앉고 싶은 마음을 가까스로 추스르며 발만 동동 구르고 있었다. 그때 옆에 있던 들깨 씨가 침착하게 참기름 씨에게 말했다.

"사모님, 불이 계속 번져 가니까 일단 119부터 부르는 게 낫지 않을까요?"

"오, 그거 좋은 생각이야. 119를 부르면 내 석유들을 지켜줄 거야."

그러면서 참기름 씨는 핸드백에 넣어 두었던 반짝거리는 휴대폰을 열었다. 그러나 선뜻 번호를 누르지 못했다.

"사모님, 왜 그러십니까?"

"그게~ 119에 전화해야 하는데 번호를 모르겠어."

"그냥, 119인데요."

"아, 그랬던가? 베리 땡큐 감사!"

참기름 씨는 떨리는 손으로 숫자 버튼을 눌러 119에 전화를 걸었다. 그리고 전화를 받은 대원에게 소란스럽게 지금 상황을 설명했다.

"지금 막 불이 났는데 그게 유전 지역이거든요? 우리 기름들 다 타면 안 되니깐 빨리 출동해 주세요."

"유전 지역에 불이 났다고요? 알겠습니다, 곧 출동하겠습니다."

소란스러운 참기름 씨와 달리 119 대원은 침착한 목소리로 대답했다. 그러나 시간이 지날수록 불길은 커져만 가는데 아직 119 대원들은 보이지도 않아 참기름 씨가 투덜대고 있었다. 그때였다. 도로가 아닌 하늘에서 119라고 적힌 헬기가 보였다.

"여러분, 지금 모두들 대피하십시오. 지금 유전 지역에서 되도록 멀리 대피하십시오."

119 대원들은 일단 사람들에게 대피하라고 크게 말했다. 불이 커지면 위험하니까 그렇겠거니 하면서 참기름 씨와 들깨 씨도 사람들과 함께 멀리 대피했다. 그래서 참기름 씨는 멀리서 유전 지역을 안타깝게 쳐다보고 있을 수밖에 없었다.

"그럼 폭탄 투하하겠습니다. 폭탄 투하!"

사람들이 모두 대피하자 갑자기 헬기에서 폭탄을 투하하겠다는 말이 방송되었고 헬기의 한 부분이 열리더니 큰 폭탄이 유전 지역 위로 뚝 떨어졌다. 그리고 곧 엄청난 폭발음이 들렸다.

'펑!'

유전 지역에서 들리는 폭발음이 꼭 참기름 씨의 마음이 무너지는 소리인 것만 같았다.

"어머, 어머! 지금 저 사람들이 뭐하는 거야!"

멀쩡한 유전 지역 위로 갑자기 폭탄을 터뜨리는 119 대원들을 보며 참기름 씨는 놀라 잘못 본 것이려니 하며 눈을 비볐다. 하지만 아무리 눈을 비벼 봐도 이미 유전 지역 위로 폭탄이 떨어진 건 변하지 않았다.

"쟤들이 뭔데 내 석유들을 불타게 하는 거야? 내 석유들 어떡해!"

참기름 씨는 눈앞에 큰 불길을 만들고 있는 유전 지역을 멍하니 쳐다볼 수밖에 없었다. 그리고 다리에 힘이 빠지면서 축 바닥에 주저앉아 버렸다.

"아니야, 이렇게 힘없이 있으면 안 돼. 내 기름을 모두 날려 버린 저들한테 보상받을 거야."

참기름 씨는 눈물로 범벅된 얼굴로 들깨 씨에게 말했다.

"내 기름에 폭탄을 떨어뜨린 119를 고소할 거예요. 고소 준비해 주세요."

"네, 알겠습니다."

그냥 불만 꺼도 됐을 일이었는데, 119 대원들이 멀쩡한 자신의 재산을 파괴시켰다는 생각에 참기름 씨는 가만히 두고 볼 수가 없었다. 그래서 결국 참기름 씨는 불이 난 자신의 유전 지역에 폭탄까지 떨어뜨려 석유가 모두 타 버리게 한 119를 화학법정에 고소하였다.

유전 지역에 화재가 발생하면 산소의 공급을 막아야
하기 때문에 폭탄을 터뜨려 주변의 산소를 모두 소비하는
방법으로 불을 끕니다.

여기는 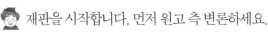 화학법정

유전 지역에 불이 나면 어떻게 꺼야 할까요?
화학법정에서 알아봅시다.

🎩 재판을 시작합니다. 먼저 원고 측 변론하세요.

😠 불난 데 부채질한다는 속담이 있지요? 이
번 사건이 바로 그런 것입니다. 유전이라는
것은 석유가 있는 곳이잖아요? 그런 곳에 불이 났는데 폭탄을
터뜨리다니요? 이거야말로 완전히 불난 데 부채질하는 행위
입니다. 119 대원들이 제정신인지 정신 감정을 먼저 해 봐야
할 것 같습니다.

🎩 화치 변호사, 진정하세요. 그럼 피고 측 변론하세요.

👩 유전화재 연구소의 불타유 박사를 증인으로 요청합니다.

라면처럼 고불고불한 파마머리를 한 30대의 남자가
증인석에 앉았다.

👩 증인이 하는 일은 뭐죠?

🧑 유전 지역의 화재 진압에 대한 연구를 하고 있습니다.

👩 물질이 탄다는 것은 물질이 공기 중의 산소와 반응하는 거잖
아요?

물론이죠.

때문에 산소보다 무거운 이산화탄소가 들어 있는 소화기를 이용해 타고 있는 물질이 산소와 만나지 않게 해야 불이 꺼지는 걸로 알고 있는데요.

보통의 화재의 경우는 그렇죠.

그럼 유전 지역의 화재는 다른 방법으로 꺼야 하나요?

그렇습니다. 유전 지역에 화재가 나면 폭탄을 터뜨려 불을 끕니다.

어떤 원리죠?

소화기와 마찬가지로 산소의 공급을 막는 거지요. 폭탄이 터지기 위해서는 주위의 많은 산소를 필요로 합니다. 그러므로 폭탄이 적당한 위치에 떨어지면 불이 난 곳 주위의 산소를 모두 소비해 버려 그 부분의 불이 꺼지게 되는 것이죠.

오~ 정말 현명한 방법이군요. 판사님, 그렇죠?

판결합니다. 유전 지역의 화재도 물이나 소화기를 이용하는 줄 알았더니 그게 아니었군요. 좋은 정보를 준 증인에게 감사드립니다. 이번 사건에서 119 대원들은 유전 지역 화재에 대한 정확한 진압 방법을 사용했으므로 아무 잘못이 없다고 하겠습니다. 이상으로 재판을 마치겠습니다.

재판이 끝난 후 참기름 씨는 소방대원들에게 사과하고 자신의 유전 지역을 화재로부터 지켜준 것에 대한 고마움의 표시로 석유 한 통씩을 선물했다.

 연소와 소화

연소란 물질이 공기 중의 산소와 화학 반응을 일으켜 빛과 열을 내는 현상인데, 연소가 일어나기 위해서는 탈 물질과 공기(산소)가 있어야 하며, 발화점(불이 타기 시작하는 가장 낮은 온도) 이상으로 온도를 높여 주어야 한다. 따라서 연소의 조건인 탈 물질과 공기를 제거하고, 온도를 발화점 밑으로 낮추면 불을 끌 수 있다(소화).

족보와 산성지 07

산성지에 글씨를 쓰면 왜 지워질까요?

최고급 집안은 전통을 아주 중요시하는 집안이었다. 사람들이 기성복을 입고 다니던 1980년대까지도 최고급 집안에서는 한복을 입을 정도로 전통의 중요함을 강조해 왔다. 그리고 최고급 집안에서는 옛글에 대한 중요성도 강조해 최고급 집안에서 태어나는 아이들은 어려서부터 사서삼경을 배워야 했다.

"우린 왜 다른 애들이랑 다르게 이런 걸 배워야 해?"

"다른 애들은 영어 배운다고 난린데, 우린 매일 한자만 배워."

"맞아, 다른 공부하기도 바쁜데 아침 일찍 일어나서 매일 한자

외우는 거 너무 힘들다고!"

　최고급 집안은 전통을 중시하는 만큼 자손의 수도 엄청났다. 요즘같이 네 명이나 세 명이 가족을 이루어 사는 시대에 최고급 집안에서는 적어도 셋 이상의 아이를 낳아야만 했다. 이 점은 사실 아이들에게는 좋았다. 또래의 여러 명의 아이들과 함께 가족으로 자랄 수 있다는 것이 아이들에게는 엄청난 힘이 되었다. 하지만 막상 셋 이상의 자녀를 둔다는 것은 쉬운 일이 아니었다.

　"적어도 아이를 셋 이상 두어야 한다. 요즘 젊은 사람들 아이 낳는 거 너무 싫어하던데, 우리 집에 들어온 이상 아이는 셋 이상 낳아야 해. 애를 낳아서 기를 때는 힘들겠지만 아이에게도 그렇고 길러 놓고 보면 보람 있을 것이다."

　처음 최고급 집안에 시집 온 며느리들은 시아버지 최고급 씨의 말씀을 듣고는 흠칫 놀랐다. 하지만 살면서 많은 아이들을 두었다는 것이 얼마나 큰 행복인지 몸소 느끼게 되었다.

　"처음엔 아버님 말씀이 참 이해하기 어려웠어요. 근데 아이들이 크고 나니까 왜 자손을 많이 보시려 했는지 알겠어요."

　"결국에 사회에 나가서 남는 것은 가족인데, 그 가족이 많으면 많을수록 사람이 여유 있고 당당해진다는 거지. 그리고 어렸을 때부터 형제들 속에 부대끼면서 사회화를 할 수 있다는 것도 다 염두에 두신 거야."

　"정말 일리 있는 말이에요. 요즘 애들 혼자 부모님 사랑을 독차

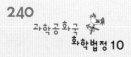

지하고 커 놔서 자기밖에 모르는 경향이 있던데 우리 애들은 다른 사람 배려할 줄도 알고, 그것만 봐도 난 참 행복하더라고요."

최고급 씨의 고집으로 인해 최고급 씨 집안은 엄청난 대가족을 계속 이어오고 있었다. 최고급 씨 집안에는 사람들이 모두 모이면 50명은 족히 넘었다. 아이가 태어나면 어린 시절까지는 최고급 씨 집에서 함께 자랐다. 그래서 친척들 간의 친목도 상당했다. 최고급 씨 집안 아이들은 요즘 아이들과는 달리 항상 함께 모여 무슨 일이든 하곤 했다. 사교육이라곤 한 번도 받아 본 적 없지만 워낙에 가족이 많다 보니 형 누나들이 모르는 과제물은 도와주었다. 그리고 시간이 날 때마다 최고급 씨 집안 아이들은 함께 모여 즐겁게 뛰어놀기도 했다. 요즘 아이들처럼 학원을 다니지도, 컴퓨터에 익숙하지도 않았지만 최고급 씨 집안 아이들은 항상 반에서 상위권에 들었다.

최고급 씨는 전통 잇기의 일환으로 아이들에게 무조건 한자를 가르치도록 했다.

"우리나라는 예전에 한자를 많이 사용했단다. 세종대왕께서 한글이란 위대한 말을 만들어 주셨지만, 한자를 많이 알면 전통도 더 잘 유지할 수 있을 거야. 그러니까 아침 여섯 시에 모두 기상하여 한 시간씩은 꼭 사서삼경을 읊도록 하자."

할아버지 최고급 씨의 말은 거부하기 힘든 강렬한 카리스마가 있었다. 아이들은 당연히 할아버지의 말을 따라야 하는 것으로 알았다. 하지만 아침 일찍 일어나서 한자를 왼다는 것이 쉽지만은 않았다.

최고급 집안의 또 다른 교육 목표는 아이들을 마음껏 뛰어놀게 하는 것이었다. 최고급 집안이라고 해서 아파트에 살면서 매일 학원을 전전하는 아이들이 눈에 들어오지 않는 것은 아니었다. 하지만 지금까지 최고급 할아버지의 교육 방식에 의해 아이들을 훌륭히 잘 키워 냈기에 할아버지의 교육 방침에 어느 누구도 토를 달지 않았다.

"요즘 아이들 말이야, 너무 집에만 있어. 그래서 살만 뒤룩뒤룩 쪄 가지고는 비만도 많고. 모름지기 아이 때는 마음껏 뛰어노는 것이 정서 발달에도 좋다고."

이런 최고급 할아버지의 교육 방침 덕에 아이들은 공부할 때도 누구보다 열심히 했고 뛰어놀 때도 정말 확실하게 노는 것이 습관이 되었다. 이러한 기질은 사회에 나가서도 빛을 발하게 되었다. 사실 사회생활은 공부만 잘 한다고 되는 것이 아니었다. 사람들과 잘 어울릴 수 있는 사람들이 사회생활도 잘 했다. 어린 시절부터 여러 사람들 속에서 자라온 최고급 씨 집안 아이들은 다른 사람과 어울리는 일, 그리고 책임을 다하는 일에서는 단연 일등이었다. 최고급 씨 집안사람들은 사회에 나가서 저마다의 자리를 잡고 있었다. 집안 자체가 워낙에 대가족인 관계로 유명한 사람도 많았다. 그러다 보니 한 명 두 명씩 매스컴을 타는 사람들도 생겨 났다.

"엄청 특이한 집안에서 자랐다고 들었습니다."

잡지사에서 취재를 나온 허 기자가 최그래 씨에게 물었다.

"네, 어렸을 때는 다른 아이들과 다르게 자란다는 것에 대한 의구심도 있었는데, 지금은 저희 할아버지 최고급 씨의 교육 방침을 지지해요."

허 기자는 최그래 씨로부터 최고급 씨의 교육 철학에 대한 이야기를 많이 들었다. 최그래 씨에 대한 기사가 나간 후로 여기저기서 최고급 씨 집안에 대한 취재 요청이 들어왔다. 사교육비가 큰 문제가 되는 요즘에 사교육비 한 푼 안 들이고도 모두 성공한 최고급 씨 집안사람들을 취재하고 싶다고 했다. 가장 취재 요청을 많이 받은 사람은 최고급 씨였다. 하지만 소란스러운 것을 싫어하는 최고급 씨는 취재 요청을 정중히 거절해 오고 있었다.

"할아버지, 요즘같이 사교육 때문에 난리인 시대에 우리의 교육 방침이 큰 도움이 되지 않을까요?"

"전통 있는 가문은 쉽게 나서는 것이 아니다. 나는 그저 집안 대대로 이어져 온 교육을 실행한 것뿐이야."

최그래 씨가 할아버지를 설득했지만 할아버지의 고집은 쉽게 꺾이지 않았다. 그러던 어느 날 학원 공부에 시달리던 한 초등학생이 자살을 했다는 소식을 들은 할아버지는 큰 결심을 하고 취재에 응하게 되었다. 할아버지의 취재는 성공적이었다. 여기저기서 최고급 할아버지의 교육 방침을 배우려는 사람들의 문의가 쇄도했다.

그럴 때마다 할아버지는 말씀하셨다.

"아이가 하고자 하는 것을 최대한 지지하면서 사람으로서의 도리는 엄격히 가르치는 것이 제 교육 방침일 뿐입니다. 학원이 아이의 미래를 결정하는 것은 아닙니다. 오히려 아이의 창의력에 방해가 될 뿐입니다."

최고급 씨의 가르침은 젊은 엄마 아빠에게 경각심을 주었다. 학원에만 의존하다간 아이가 지쳐버릴 수도 있다는 말이 사람들의 귀에서 맴돌았다.

그렇게 제대로 된 교육을 강조하시던 최고급 할아버지도 이젠 나이가 들어가고 있었다. 그래서 최고급 할아버지는 이참에 족보를 다시 정리해 두기로 했다.

"이젠 나이도 들고 이참에 우리 집안 족보를 제대로 정리해 두어야겠어. 자손도 그만큼 늘었으니 정리가 필요할 때도 되었지."

"아버님, 어떻게 그 많은 족보를 정리하시려고 하세요?"

"내가 해야 할 일이야. 눈감기 전에 정리하고 자손들에게 남겨 주어야지."

마음을 굳힌 최고급 할아버지는 흔들림이 없었다. 집안 대대로 내려오던 족보를 정리하는 것이니만큼 할아버지는 정성을 다하고 싶었다. 가족회의를 소집한 할아버지는 자손들에게 최고급 종이를 구해 오라고 했다. 자손이 많다 보니 일도 착착 진행이 되어 갔다. 최그래 씨가 유명한 종이 회사에서 야심작으로 내놓은 '산성지

07'을 가지고 왔다. 다른 손자들이 가져온 것보다 확실히 종이는 질적인 면에서 뛰어났다. 그래서 최고급 씨는 이 종이에 족보를 정리하기로 결정했다. 몇 달 만에 족보를 정리한 최고급 씨는 드디어 할 일을 끝냈다는 안도감에 웃음을 지으시더니 눈을 감으셨다. 할아버지가 돌아가시고 몇십 년이 지나 집안을 이어받은 최그래 씨는 할아버지의 손길이 담긴 족보를 제일 먼저 펼쳐 보았다.

"이게 어떻게 된 일이야? 할아버지께서 하루하루 정성껏 정리하신 족보가 어디로 날아가 버렸지?"

족보에는 예전에 써 둔 글자들이 모두 지워지고 없었다. 할아버지의 노력이 담겨진 족보가 물거품이 되었다는 사실에 최그래 씨는 화가 머리끝까지 나기 시작했다.

"이대로 넘길 순 없어, 할아버지의 노력에 대한 예의가 아니지."

결국 화가 난 최고급 집안에서는 종이 회사를 상대로 화학법정에 고소를 하게 되었다.

pH 4.0 정도의 산성인 양지는 수명이 50~100년 정도로 짧습니다.
pH 9.5 정도의 염기성인 한지는 가죽나무 껍질을 원료로
만들기 때문에 수명이 길고 글자가 오래도록 보존됩니다.

여기는 **화학법정**

산성지의 글씨는
왜 오래가지 않을까요?
화학법정에서 알아봅시다.

재판을 시작합니다. 먼저 피고 측 변론하세요.

산성지 07은 새로 발명된 고급 종이입니다. 아주 희고 단단한 종이지요. 그런데 산성지에 족보를 썼기 때문에 글자가 사라졌다니요? 글자가 발이 달려서 어디로 도망가기라도 했단 말인가요? 아마 최고급 할아버지가 족보를 쓴 줄 알았는데 혹시 안 쓴 거 아닐까요?

이의 있습니다. 지금 피고 측 변호인은 아무 근거 없이 추측에 의해 원고를 모독하고 있습니다.

인정합니다.

아니면 말고요. 제 변론은 이게 끝입니다.

정말 기가 막히는군요. 그럼 원고 측 변론하세요.

종이 연구소의 양피지 소장을 증인으로 요청합니다.

얼굴이 백옥처럼 하얀 40대의 남자가 증인석으로 들어왔다.

종이는 크게 어떻게 나누어지나요?

서양에서 만든 양지와 우리 과학공화국의 오랜 전통으로 만든 한지로 나눌 수 있습니다.

어떤 차이가 있죠?

서양에서 만든 양지는 pH가 4.0 정도입니다. pH가 7.0 이하이면 산성이므로, 산성지라고 부르지요. 그런데 산성지는 수명이 대개 50년에서 길어야 100년 정도로 짧습니다. 산성지는 시간이 지나면 누렇게 변색되는 황화 현상을 일으키면서 삭아버리기 때문이지요.

그럼 한지는요?

한지는 가죽나무 껍질을 원료로 하여 만들기 때문에 매우 질기며, 그 수명도 양지보다 오래갑니다. 그것은 한지가 양지와 달리 pH가 9.5 정도인 염기성을 띠기 때문입니다.

그렇군요. 그럼 최고급 집안에서 한지로 족보를 만들었다면 이런 일은 없었겠군요. 판사님, 판결 부탁드립니다.

이 세상의 서류는 잠깐 보관하는 서류와 아주 오랜 기간을 보관해야 하는 서류로 나누어지는데 족보는 가문의 중요한 기록이므로 오랜 시간 보존되어야 합니다. 그러므로 이런 용도에 맞지 않는 산성지를 판매한 업자에게 그 책임을 물어야 하겠습니다. 이상으로 재판을 마치겠습니다.

재판이 끝난 후 종이 회사는 엄청난 위자료를 지불하고 족보를 한지로 다시 만들어 주겠다고 했다.

pH

어떤 물질이 산성인지 염기성인지를 나타내는 지수를 pH라고 한다. pH가 7이면 산성도 염기성도 아닌 중성이고, 이보다 낮으면 산성, 이보다 높으면 염기성이 된다. 산성인 물질에는 귤(pH 2.3~5.6), 식초(pH 3), 수돗물(pH 4), 지하수(pH 5.0 ~ 5.8) 등이 있으며, 중성인 물질에는 증류수 (pH 7), 염기성인 물질에는 베이킹 파우더(pH 8.5), 암모니아수(pH 11) 등이 있다.

체질 검사 자장면

자장면을 다 먹고 난 후 생긴 국물로 사람의 체질을 알 수 있을까요?

과학공화국에 유난히 오토바이가 많이 다니는 마을이 있었다. 이 마을에서는 자장면을 파는 중화 요리점이 딱 두 군데 있었다. 몽고반점은 가게도 허름하고 맛도 그저 그런데 반해 가까이에 위치한 중국성은 직접 중국인 요리사를 초빙해 와 맛도 일품이고 가게도 깔끔해서 사람들이 많이 몰렸다.

"어이구, 오늘도 손님은 파리뿐이네."

몽고반점의 주인인 김춘장 씨는 휑한 가게 안에서 파리만 잡고 있었다. 옛날에는 그런대로 주문이 들어왔는데 바로 옆에 중국성이 생기면서 주문이 딱 끊어졌다. 그래서 하루에 몇 건 주문이 들어오는 걸로 근근이 명맥만 유지하고 있었다.

"아, 우리 아들 올 때가 됐는데……."

김춘장 씨는 시계가 한 시를 가리키는 걸 보고 가게 밖을 서성거렸다. 오늘은 김춘장 씨의 자랑이자 귀염둥이인 아들이 집으로 오는 날이다. 김춘장 씨의 아들은 세계에서 알아준다는 하보드 대학에서 화학을 전공한 인재였다.

"어이구, 마침 우리 아들 오는구먼."

"맘! 보고 싶었어."

김춘장 씨는 큰 짐을 들고 오는 아들을 마중 나가 부둥켜안았다. 공부하느라 자주 보지 못해 이렇게 올 때마다 무척 반가웠다.

"우리 강아지, 어서 가게로 들어와."

김춘장 씨는 뜨거운 햇빛을 피해 얼른 아들을 가게로 들어오게 하고, 자리에 앉아 손을 맞잡으며 그동안 못했던 이야기를 나누었다. 하지만 가게를 둘러보던 아들의 표정은 그리 좋지가 않았다.

"엄마, 옆집은 사람이 바글바글한데 왜 우리 가게는 손님이 없어?"

"아, 그게 언젠가부터 중국성에 손님을 다 빼앗겼지 뭐니."

김춘장 씨는 한탄하듯이 앞에 있는 탁자를 치며 말했다.

"그럼 손님을 다시 찾아와야지."

아들이 답답한 듯 엄마의 손을 잡고 말했다. 하지만 김춘장 씨는 여전히 답답한지 손으로 주먹을 쥐어 가슴을 치며 말했다.

"무슨 방법이 있어야지. 중국인 요리사를 데리고 올 수도 없고……."

그때 아들의 눈에서 예리한 빛이 반짝거렸다. 그리고 기발한 생각이 아들의 머리를 스치고 지나갔다.

"엄마, 손님들을 끌어 모을 좋은 방법이 생각났어."

"응? 좋은 방법?"

아들은 남이 들을까 주위를 살펴보면서 엄마의 귀에 속닥속닥 귓속말을 했다. 엄마는 혹시 까먹을까 고개를 끄덕이면서 신중하게 들었다.

"그렇게만 하면 사람들이 몰린다 이거지?"

"응, 이 아들을 믿어 보라니까!"

김춘장 씨는 아들이 말한 대로 하나하나 바꾸기 시작했다. 일단 가게 간판부터 새로 걸었다. 여기저기 부서지고 촌스러운 글씨체로 적힌 간판을 내리고 깔끔하게 흰색 바탕에 검은 글씨로 써진 '웰빙 자장면 집' 간판을 새로 걸었다. 그리고 가게 인테리어도 최대한 깔끔하게 하고 웰빙 콘셉트에 맞추어 내부를 꾸몄다.

"이야, 간판 하나만 바꿨는데도 우리 몽고반점이 사는구먼! 아차차, 이걸 까먹을 뻔했네."

김춘장 씨는 아들이 가장 강조했던 현수막을 꺼내들었다. 그리고 간판 밑에 사람들에게 잘 보이도록 붙였다.

'자장면을 드신 후 체질 검사를 해드립니다' 라는 빨간색의 글자

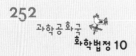

가 사람들의 눈에 띄도록 했다.

"음, 이렇게 하면 우리 아들이 말한 대로 다 됐지?"

김춘장 씨는 손에 묻어 있는 먼지를 탁탁 털면서 새로 꾸며진 가게를 쳐다봤다. 어두컴컴했던 예전과는 달리 화사한 분위기의 중화 요리점이 탄생했다.

사람들은 웰빙 자장면 집을 지나갈 때마다 밑에 붙은 현수막의 글에 관심을 쏟았다.

"정말 자장면을 먹으면 체질 검사를 해 주는 거야?"

"자장면도 먹고 체질 검사도 하고. 님도 보고 뽕도 따는 거네?"

"그럼 오늘 점심은 여기서 자장면으로 먹을까?"

사람들은 호기심 반 기대 반으로 웰빙 자장면 집에 들어오기 시작했다. 밀려오는 사람들 사이에서 김춘장 씨는 몸은 힘들었지만 마음만은 즐거워하며 주문을 받았다.

"무얼 드시겠습니까?"

"여기 정말 체질 검사해 주나요?"

"물론이죠. 손님의 몸이 산성인지 염기성인지 검사해 볼 수 있어요."

사람들은 정말 웰빙 자장면을 먹고 체질 검사까지 받자 '웰빙 자장면 집'은 입소문이 나기 시작했고 점점 많은 사람들이 웰빙 자장면 집으로 몰려들었다. 깔끔한 인테리어와 함께 체질 검사라는 독특한 전략이 성공한 것이다.

"지금은 옛날보다 손님이 더 많이 오니 매일매일 행복해!"

김춘장 씨는 갑자기 많아진 일에 힘이 들긴 했지만 손님이 많아졌다는 기쁨은 감출 수가 없었다.

이제는 상황이 역전되어서 김춘장 씨네 가게는 언제나 사람이 바글바글했지만 옆에 있는 중국성에는 사람들의 발길이 뜸해졌다. 결국 이번엔 중국성 주인인 단무제 씨가 자기 가게에 손님이 없어 고민하게 되었다.

"우리집 자장면이 제일 맛있다고 할 땐 언제고 다들 웰빙 자장면 집으로 가네."

"그러게 말입니다. 아무래도 체질 검사를 할 수 있다는 말에 가는 것 같습니다."

"뭐? 체질 검사?"

항상 뒷북치는 주인 단무제 씨는 그제서야 왜 웰빙 자장면 집에 많은 사람들이 몰리는지 알게 되었다. 평소에 몽고반점은 자기 가게와 라이벌이라고 생각하지도 않았기에 전혀 신경을 쓰고 있지 않아 이번에 어떻게 바뀌었는지도 모르고 있었던 것이다.

"예, 자장면을 먹고 나면 체질 검사를 해 준다고 합니다."

"자장면 집에서 무슨 체질 검사를 하며, 또 자장면으로 어떻게 체질 검사를 한다는 거야?"

"글쎄요, 그건 저도 모르겠습니다."

단무제 씨는 종업원과의 이야기에서 자장면으로 체질 검사를 한

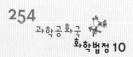

다는 말이 이해되지 않았다. 그리고 그것이 가능하다고 생각하지도 않았다.

"자장면으로 체질 검사를 한다는 건 말도 안 돼. 이거 혹시 사기가 아닐까?"

"네? 사기요? 설마요."

단무제 씨는 손님을 위해 썰어 놨던 단무지와 양파를 손으로 집어 사각사각 씹어 먹으며 말했다. 도저히 말도 되지 않는 전략으로 손님들을 유인한 건 분명 잘못된 것이라고 생각했기 때문이었다.

"아니야, 이건 사기가 분명해. 자장면으로 체질 검사를 한다는 건 말이 되질 않아."

"그건 저도 그렇게 생각해요."

종업원도 어떻게 체질 검사를 하는지 모르기 때문에 고개를 끄덕일 수밖에 없었다. 그때 갑자기 단무제 씨가 벌떡 자리에서 일어났다.

"고작 그 사기꾼들 때문에 우리 가게 손님들을 뺏길 순 없어. 내가 제대로 나서야겠어."

단무제 씨는 그릇에 담긴 남은 단무지를 모두 입속에 넣고 우걱우걱 씹으면서 웰빙 자장면 집을 고소하기로 마음먹었다. 말도 되지 않는 전략으로 사람들을 속여 손님을 빼앗아 간 것이 야속했기 때문이었다. 그래서 결국 단무제 씨와 김춘장 씨는 화학법정에서 만나게 되었다.

자장면을 먹을 때 생기는 국물의 정도는 사람의 몸이 산성이냐
염기성이냐 하는 체질과 관련 있는 게 아니라 자장면을 먹을 때
침을 얼마나 많이 흘리는가에 따라 차이가 있습니다.

자장면으로 몸이 산성인지
염기성인지를 알아볼 수 있나요?
화학법정에서 알아봅시다.

재판을 시작합니다. 먼저 피고 측 변론하세요.

자장면을 다 먹은 후에 생기는 국물로 사람
의 체질을 알 수 있다고 흔히 알려져 있습
니다. 즉 체질이 산성인 사람은 자장면을 다 먹고 난 후 국물
이 많이 생기고, 염기성인 사람은 거의 생기지 않는다고 알려
져 있지요.

그 이유는 뭐죠?

산성 체질인 사람은 자장면을 먹을 때 나무젓가락 등을 통해
입속의 산이 묻어 나오면서 자장면과 섞여 국물이 많이 생기
는 거라고 들었습니다.

나름 타당해 보이는군요. 그럼 원고 측 변론하세요.

오랫동안 자장면 국물을 연구한 강춘장 박사를 증인으로 요
청합니다.

얼굴이 거무튀튀한 50대의 남자가 증인석에 들어왔다.

자장면을 먹고 난 후 생긴 국물의 양으로 사람의 몸이 산성인

지 염기성인지를 알 수 있나요?

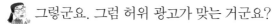 말도 안 되는 소리입니다. 자장면에서 국물이 남는 이유는 자장면을 만들 때 약간의 점성을 위해서 소스에 녹말을 섞기 때문입니다. 그런데 이 녹말은 침 속의 아밀라아제에 의해 분해되어 점성을 잃어버려 흐물흐물해지고 그래서 걸쭉하던 자장면 소스가 묽어지면서 물이 생긴 것처럼 보이는 것이지요. 그러므로 자장면의 국물은 사람의 몸이 산성이냐 염기성이냐하는 것과는 관련이 없고 자장면을 먹을 때 침이 얼마나 많이 나오는가에 달려 있습니다.

그렇군요. 그럼 허위 광고가 맞는 거군요?

판결합니다. 과학적으로 완벽하게 검증되지 않은 사실로 국민들의 체질을 알려 주는 것은 국민들의 건강에 악영향을 미칠 수 있으므로 웰빙 자장면 집은 그동안 해 왔던 체질을 알려 준다는 식의 광고를 당장 중지하기 바랍니다. 이상으로 재판을 마치겠습니다.

재판이 끝난 후 웰빙 자장면 집의 손님은 급감했다. 하지만 얼마

 아밀라아제

아밀라아제는 침과 이자액 속에 들어 있는 소화 효소로 녹말(탄수화물)을 분해하는 역할을 한다. 아밀라아제는 녹말을 분해하여 엿당과 소량의 덱스트린을 만들고, 엿당이 이자액 속의 말타아제에 의해 더 분해되면 우리 몸에 섭취 가능한 형태인 포도당이 된다.

후 웰빙 자장면 집은 새로운 컬러 자장면을 개발하여 다시 예전의
명성을 되찾았다.

유리도 다이아몬드처럼 자르면 광택이 날까요?

다이아몬드는 유리에 비해 빛의 굴절률이 큽니다. 그러므로 같은 방법으로 잘랐다 하더라도 다이아몬드가 유리보다는 빛을 더 잘 퍼뜨리는 성질이 있어 다이아몬드가 더 반짝거리는 광택을 내는 것이죠.

다이아몬드를 가공하는 사람들은 다이아몬드 원석을 자를 때 빛이 원석의 꼭대기를 통과해 들어가 내부에서 여러 번 반사되어 다시 꼭대기와 가까운 지점으로 나올 수 있게 자릅니다. 그러면 다이아몬드 안에서 많은 양의 빛이 반사되어 화려한 광택을 만들게 됩니다.

20세기에 들어서면서 다이아몬드를 가공하는 방법에 대한 연구가 활발해졌습니다. 그리고 다이아몬드의 면의 수가 58개이고, 각각의 면이 이웃하는 면과 일정한 각도가 되었을 때 가장 광택이 잘 나온다는 것이 알려졌지요.

소화기는 어떻게 불을 끌까요?

일반적으로 불이 났을 때는 타고 있는 물질의 온도를 발화점 이하로 낮추거나 산소를 차단하여 불을 끕니다.

소화기가 불을 끄는 기본 원리는 산소와의 접촉을 차단하는 것으로, 산소를 차단하는 물질로는 이산화탄소나 사염화탄소 등 불에 타지 않고, 공기보다 무거워 낮게 깔리는 기체를 이용합니다.

과학성적 끌어올리기

　혼히 사용되는 소화기에는 분말의 약품(인산암모늄의 염, 분홍색)이 들어 있습니다. 이 분말 약품을 타고 있는 물질 위에 뿌리면 열에 의해 분해 반응이 일어나면서 탄산 가스가 생성되고, 이 탄산 가스가 산소와의 접촉을 차단하여 소화가 일어납니다. 그리고 이때 분말의 약품이 타는 물질에서 나오는 열을 일부 차단하여 온도가 낮아지는 소화 작용도 함께 일어난답니다.

화학과 친해지세요

이 책을 쓰면서 좀 고민이 되었습니다. 과연 누구를 위해 이 책을 쓸 것인지 난감했거든요. 처음에는 대학생과 성인을 대상으로 쓰려고 했습니다. 그러다 생각을 바꾸었습니다. 화학과 관련된 생활 속 이야기가 초등학생과 중학생에게도 흥미 있을 거라는 생각에서였지요.

초등학생과 중학생은 앞으로 우리나라가 선진국으로 발돋움하기 위해 꼭 필요한 과학 꿈나무들입니다. 그리고 지금과 같은 과학의 시대에 큰 기여를 하게 될 과목이 바로 화학입니다.

하지만 지금 우리의 화학 교육은 실질적인 실험보다는 교과서를 달달 외워 높은 시험 점수를 받는 것에 맞추어져 있습니다. 과연 이러한 환경에서 노벨 화학상 수상자가 나올 수 있을까 하는 의문이 들 정도로 심각한 상황에 놓여 있습니다.

저는 부족하지만 생활 속의 화학을 학생 여러분들의 눈높이에 맞추고 싶었습니다. 화학은 먼 곳에 있는 것이 아니라 바로 우리 주변 가까이에 있으며, 잘 활용하면 매우 유용한 학문인 만큼 화학에 대한 열정을 갖고 더 열심히 공부해 주기를 바랍니다.